溧阳市古树名木图鉴

溧阳市自然资源和规划局 编

银杏　刺楸　糙叶树
金钱松　枫香　朴树
黑松　瓜子黄杨　重阳木
侧柏　青冈栎　乌桕
罗汉松　麻栎　冬青
白玉兰　栓皮栎　枸骨
石楠　板栗　枣树香橼
豆梨　枫杨　黄连木
杏　榔榆　三角枫
蜡梅　青檀　桂花
皂荚　榉树　紫薇

江苏凤凰美术出版社

图书在版编目（CIP）数据

溧阳市古树名木图鉴 / 溧阳市自然资源和规划局编.
-- 南京 : 江苏凤凰美术出版社, 2024.1
ISBN 978-7-5741-1452-4

Ⅰ. ①溧… Ⅱ. ①溧… Ⅲ. ①树木—溧阳—图集
Ⅳ. ①S717.253.4-64

中国国家版本馆CIP数据核字（2023）第232853号

项目统筹　陈文渊　吕永泉
　　　　　姜　耀　程继贤
责任编辑　孙剑博
责任校对　唐　凡
责任监印　唐　虎
责任设计编辑　王左佐

书　　名　溧阳市古树名木图鉴
编　　者　溧阳市自然资源和规划局
出版发行　江苏凤凰美术出版社（南京市湖南路1号　邮编210009）
制　　版　南京新华丰制版有限公司
印　　刷　盐城志坤印刷有限公司
开　　本　889mm × 1194mm　1/16
印　　张　13
版　　次　2024年1月第1版　2024年1月第1次印刷
标准书号　ISBN 978-7-5741-1452-4
定　　价　198.00元

营销部电话　025-68155675　营销部地址　南京市湖南路1号
江苏凤凰美术出版社图书凡印装错误可向承印厂调换

编委会

前 言

溧阳市地处长江三角洲南部，位于苏、浙、皖三省交界处，市域面积1535平方千米，总人口约80万。溧阳市有着2200年以上的悠久历史，气候温暖，雨量充沛，日照充足，四季分明，无霜期长，为古树名木的生长提供了一个绝佳的环境。

古树名木是自然界留下的珍贵资源，是历史变迁的活见证。古树名木对研究古生物、古气候、古地理、古地质、古文化、古风俗意义重大。据溧阳市古树名木资源普查数据，溧阳市现存古树名木共计102株。其中一级古树(树龄500年及以上)有7株，占6.86%；二级古树(树龄300—499年)有14株，占13.73%；三级古树(树龄100—299年)有81株，占79.41%。溧阳市古树名木树种构成为22科32属34种。其中榉树最多，计21株，占20.59%；其次为朴树，计11株，占10.78%；银杏9株，占8.82%；糙叶树7株，占6.86%。溧阳市古树名木资源以天目湖镇和戴埠镇分布较多，分别为26株和22株，占比分别为25.49%和21.57%。

近年来，我市加大古树名木宣传和保护力度，通过“一树一策”“逐步推进”的方式，分三期对全部古树进行了一次全方位的保护复壮。各种保护措施的综合实施，起到了明显的保护效果，古树长势明显变好。下一步，我市相关部门将凝聚合力，细化古树名木保护工作，让绿水青山变成金山银山，以看得见的方式筑牢生态屏障，为我市打造苏南绿色崛起品质城市贡献力量。

目 录

溧阳市古树名木汇总表

编号	名称			位置			龄级	
	中文名	拉丁名	科属	镇区	行政村	小地名	估测树龄	保护级别
32048100001	银杏	*Ginkgo biloba*	银杏科银杏属	戴埠镇	南渚村	南渚村 43 号前（水泥路上）	300 年	二级
32048100002	银杏	*Ginkgo biloba*	银杏科银杏属	戴埠镇	横涧村	深溪岕村 77 号南侧	115 年	三级
32048100003	银杏	*Ginkgo biloba*	银杏科银杏属	戴埠镇	横涧村	深溪岕村 87 号南侧（涧沟西侧）	125 年	三级
32048100004	银杏	*Ginkgo biloba*	银杏科银杏属	戴埠镇	同官村	上村 25 号前	700 年	一级
32048100006	银杏	*Ginkgo biloba*	银杏科银杏属	昆仑街办	胡桥村	鹏程村 103 号前塘边	135 年	三级
32048100007	银杏	*Ginkgo biloba*	银杏科银杏属	南渡镇	集镇	南渡镇春晖公园内	115 年	三级
32048100008	银杏	*Ginkgo biloba*	银杏科银杏属	天目湖镇	梅岭村	梅岭村 84 号屋前	350 年	二级
32048100013	黑松	*Pinus thunbergii parl.*	松科松属	埭头镇	埭头中学	埭头中学操场南侧	300 年	二级
32048100015	金钱松	*Pseudolarix amabilis*	松科金钱松属	龙潭林场	龙潭林场	深溪岕跃进塘向山上 150 米内侧	115 年	三级
32048100016	金钱松	*Pseudolarix amabilis*	松科金钱松属	龙潭林场	龙潭林场	深溪岕跃进塘向山上 150 米外侧	125 年	三级
32048100018	侧柏	*Platycladus orientalis*（*L.*）Franco	柏科侧柏属	埭头镇	埭头中学	埭头中学办公楼南侧	105 年	三级
32048100019	侧柏	*Platycladus orientalis*（*L.*）Franco	柏科侧柏属	龙潭林场	龙潭林场	崔岕工区职工住房前（原千华寺）	205 年	三级
32048100020	侧柏	*Platycladus orientalis*（*L.*）Franco	柏科侧柏属	天目湖镇	吴村村	中田村 3 号屋后	300 年	二级
32048100021	侧柏	*Platycladus orientalis*（*L.*）Franco	柏科侧柏属	天目湖镇	吴村村	中田村 3 号屋后竹林中	300 年	二级
32048100022	罗汉松	*Podocarpusma-crophyllus (Thunb.)* D. Don	罗汉松科罗汉松属	昆仑街办	胥渚村	北门外胥渚村 239 号院内，老年活动室西侧	265 年	三级
32048100023	白玉兰	*Magnolia denudata desr*	木兰科木兰属	龙潭林场	龙潭林场	崔岕工区职工住房前（原千华寺）	350 年	二级

续表

编号	名称			位置			龄级	
	中文名	拉丁名	科属	镇区	行政村	小地名	估测树龄	保护级别
32048100024	石楠	*Photinia serrulata* Lindl	蔷薇科石楠属	昆仑街办	陶家村	大石山农庄大门牌楼西侧 30 米处工人房东侧树丛内	105 年	三级
32048100025	蜡梅	*Chimonanthus praecox*（*linn.*）Link.	蜡梅科蜡梅属	古县街办	上阁楼村	唐家村 32 号东侧	135 年	三级
32048100026	枫香	*Liquidambar formosana* Hance	金缕梅科枫香树属	天目湖镇	平桥村	雪飞岭村 13 号西（路边土地庙边）	260 年	三级
32048100027	枫香	*Liquidambar formosana* Hance	金缕梅科枫香树属	天目湖镇	平桥村	仓浦浪村 5 号东路边山坡上	500 年	一级
32048100028	瓜子黄杨	*Buxus sinica*（*Rehd. Et Wils*）Chengex M. Cheng	黄杨科黄杨属	别桥镇	集镇	集镇（桥西）虞庙村 18 号院内	205 年	三级
32048100029	瓜子黄杨	*Buxus sinica*（*Rehd. Et Wils*）Chengex M. Cheng	黄杨科黄杨属	上兴镇	集镇	集镇原镇政府院内	255 年	三级
32048100030	板栗	*Castanea mollissima* Blume	壳斗科栗属	天目湖镇	梅岭村	梅岭村 69 号前	155 年	三级
32048100031	青冈栎	*Cyclobalanopsis glauca*（*Thunb.*）Oerst.	壳斗科青冈属	天目湖镇	梅岭村	梅岭村村后半山腰	350 年	二级
32048100032	青冈栎	*Cyclobalanopsis glauca*（*Thunb.*）Oerst.	壳斗科青冈属	龙潭林场	龙潭林场	深溪岕古松园内上侧	105 年	三级
32048100033	青冈栎	*Cyclobalanopsis glauca*（*Thunb.*）Oerst.	壳斗科青冈属	龙潭林场	龙潭林场	深溪岕古松园内下侧	100 年	三级
32048100034	麻栎	*Quercus acutissima* Carruth.	壳斗科栎属	别桥镇	西马村	下梅村村口路边（原粮站西侧路边）	105 年	三级
32048100035	栓皮栎	*Quercus variabilis* Bl.	壳斗科栎属	天目湖镇	平桥村	雪飞岭村 48 号西	205 年	三级
32048100036	枫杨	*Pterocarya stenoptera* C. DC	胡桃科枫杨属	戴埠镇	南渚村	蛀竹棵村 22 号	300 年	二级
32048100037	榔榆	*Ulmus parvifolia* Jacq.	榆科榆属	别桥镇	塘马村	塘马村 13 号西侧塘边	125 年	三级
32048100039	青檀	*Pteroceltis tatarinowii* Maxim.	榆科青檀属	戴埠镇	横涧村	深溪岕村 41 号南侧	500 年	一级

续表

编号	名称			位置			龄级	
	中文名	拉丁名	科属	镇区	行政村	小地名	估测树龄	保护级别
32048100040	青檀	*Pteroceltis tatarinowii* Maxim.	榆科青檀属	戴埠镇	横涧村	深溪岕村 56 号南侧	500 年	一级
32048100041	青檀	*Pteroceltis tatarinowii* Maxim.	榆科青檀属	戴埠镇	横涧村	深溪岕村 125 号（青龙桥边）	500 年	一级
32048100042	榉树	*Zelkova serrata*（*Thunb.*）Makino	榆科榉属	别桥镇	湖边村	浪圩村原村委办公楼东侧河边	115 年	三级
32048100043	榉树	*Zelkova serrata*（*Thunb.*）Makino	榆科榉属	戴埠镇	横涧村	蒋家村 5 号房后（横涧集镇向深溪岕路左边）	155 年	三级
32048100045	榉树	*Zelkova serrata*（*Thunb.*）Makino	榆科榉属	戴埠镇	李家园村	御水温泉内石拱桥边	500 年	一级
32048100046	榉树	*Zelkova serrata*（*Thunb.*）Makino	榆科榉属	戴埠镇	松岭村	松岭村 206 号西侧路边庙旁（王家村东侧 100 米），二榉树相距 6 米，本树在东侧	300 年	二级
32048100047	榉树	*Zelkova serrata*（*Thunb.*）Makino	榆科榉属	戴埠镇	松岭村	松岭村 206 号西侧路边庙旁（王家村东侧 100 米），二榉树相距 6 米，本树在西侧	255 年	三级
32048100048	榉树	*Zelkova serrata*（*Thunb.*）Makino	榆科榉属	戴埠镇	松岭村	红庙村 49 号	205 年	三级
32048100049	榉树	*Zelkova serrata*（*Thunb.*）Makino	榆科榉属	戴埠镇	松岭村	钱家基村 48 号	105 年	三级
32048100050	榉树	*Zelkova serrata*（*Thunb.*）Makino	榆科榉属	戴埠镇	南渚村	惠家村 80 号（惠志新）文背山	800 年	一级
32048100051	榉树	*Zelkova serrata*（*Thunb.*）Makino	榆科榉属	昆仑街办	北水西村	田尺岕村 19 号东侧塘边	115 年	三级
32048100052	榉树	*Zelkova serrata*（*Thunb.*）Makino	榆科榉属	溧城街办	八字桥村	礼诗村万金桥西侧	115 年	三级
32048100053	榉树	*Zelkova serrata*（*Thunb.*）Makino	榆科榉属	昆仑街办	毛场村	沙涨村公共绿地东侧门前	105 年	三级
32048100054	榉树	*Zelkova serrata*（*Thunb.*）Makino	榆科榉属	天目湖镇	平桥村	雪飞岭村 48 号西（栓皮栎东侧）	205 年	三级
32048100055	榉树	*Zelkova serrata*（*Thunb.*）Makino	榆科榉属	昆仑街办	毛场村	沙涨村绿地南侧原会堂前	105 年	三级
32048100056	榉树	*Zelkova serrata*（*Thunb.*）Makino	榆科榉属	昆仑街办	杨庄村	枢巷村 75 号门前	155 年	三级

续表

编号	名称			位置			龄级	
	中文名	拉丁名	科属	镇区	行政村	小地名	估测树龄	保护级别
32048100057	榉树	*Zelkova serrata* (*Thunb.*) Makino	榆科榉属	昆仑街办	杨庄村	石塘村85号东侧	125年	三级
32048100058	榉树	*Zelkova serrata* (*Thunb.*) Makino	榆科榉属	天目湖镇	梅岭村	东山滨村45号前（竹器厂）	105年	三级
32048100059	榉树	*Zelkova serrata* (*Thunb.*) Makino	榆科榉属	天目湖镇	梅岭村	东山滨村进村路下	205年	三级
32048100060	榉树	*Zelkova serrata* (*Thunb.*) Makino	榆科榉属	天目湖镇	梅岭村	东山滨村进村路中	105年	三级
32048100061	榉树	*Zelkova serrata* (*Thunb.*) Makino	榆科榉属	天目湖镇	梅岭村	东山滨村进村路上	205年	三级
32048100062	榉树	*Zelkova serrata* (*Thunb.*) Makino	榆科榉属	天目湖镇	吴村村	白土塘村48号前	135年	三级
32048100064	糙叶树	*Aphananthe aspera* (*Thunb.*) Planch.	榆科糙叶树属	戴埠镇	同官村	涧西村8号前	450年	二级
32048100065	糙叶树	*Aphananthe aspera* (*Thunb.*) Planch.	榆科糙叶树属	戴埠镇	山口村	崔夼村1号路边	105年	三级
32048100066	糙叶树	*Aphananthe aspera* (*Thunb.*) Planch.	榆科糙叶树属	昆仑街办	毛场村	沙涨村尚书墓东侧	115年	三级
32048100067	糙叶树	*Aphananthe aspera* (*Thunb.*) Planch.	榆科糙叶树属	昆仑街办	毛场村	沙涨村尚书墓围墙外北侧	125年	三级
32048100068	糙叶树	*Aphananthe aspera* (*Thunb.*) Planch.	榆科糙叶树属	天目湖镇	杨村村	锁山村51号前（240镇广线边）	235年	三级
32048100069	朴树	*Celtis sinensis* Pers.	榆科朴属	埭头镇	埭头中学	埭头中学餐厅前	115年	三级
32048100071	朴树	*Celtis sinensis* Pers.	榆科朴属	戴埠镇	戴南村	冷水夼村11号向南500米	145年	三级
32048100072	朴树	*Celtis sinensis* Pers.	榆科朴属	昆仑街办	毛场村	沙涨村尚书墓东侧	105年	三级
32048100073	朴树	*Celtis sinensis* Pers.	榆科朴属	昆仑街办	毛场村	沙涨村尚书墓南侧	115年	三级
32048100074	朴树	*Celtis sinensis* Pers.	榆科朴属	昆仑街办	毛场村	沙涨村尚书墓南侧二株相连内侧	125年	三级

续表

编号	名称			位置			龄级	
	中文名	拉丁名	科属	镇区	行政村	小地名	估测树龄	保护级别
32048100075	朴树	*Celtis sinensis* Pers.	榆科朴属	昆仑街办	毛场村	沙涨村尚书墓南侧二株相连外侧	115 年	三级
32048100076	朴树	*Celtis sinensis* Pers.	榆科朴属	昆仑街办	毛场村	沙涨村尚书墓围墙外北侧	105 年	三级
32048100078	朴树	*Celtis sinensis* Pers.	榆科朴属	天目湖镇	杨村村	野猪芥村 79 号前塘边	150 年	三级
32048100079	朴树	*Celtis sinensis* Pers.	榆科朴属	天目湖镇	南钱村	西南钱 90 号西侧	400 年	二级
32048100081	重阳木	*Bischofia polycarpa*（*Levl.*）Airy Shaw	大戟科重阳木属	溧城街办	市区	高静园内	125 年	三级
32048100082	乌桕	*Sapium sebiferum*（*L.*）Roxb.	大戟科乌桕属	社渚镇	梅山村	西汤村西边水塘边	105 年	三级
32048100083	冬青	*Hex Purpurea* HassR	冬青科冬青属	别桥镇	黄金山村	黄金山村村后金山顶最高处	155 年	三级
32048100084	枣树	*Ziziphus jujuba* Mill.	鼠李科枣属	上黄镇	洋渚村	洋渚村老年活动中心前	300 年	二级
32048100085	香橼	*Citrus medica L.*	芸香科柑橘属	别桥镇	镇东村	培阳村 131 号西侧	125 年	三级
32048100086	香橼	*Citrus medica L.*	芸香科柑橘属	龙潭林场	龙潭林场	崔㚻工区职工住房前（原千华寺）	25 年	三级
32048100087	黄连木	*Pistacia chinensis* Bunge	漆树科黄连木属	天目湖镇	梅岭村	梅岭村 35 号前（村前路边）	265 年	三级
32048100088	黄连木	*Pistacia chinensis* Bunge	漆树科黄连木属	天目湖镇	梅岭村	梅岭村 65 号东侧（村后）	255 年	三级
32048100089	三角枫	*Acer buergerianum* Miq.	槭树科槭属	天目湖镇	梅岭村	梅岭村 103 号（井塘边）	205 年	三级
32048100090	枫香	*Liquidambar formosana* Hance	金缕梅科枫香树属	天目湖镇	三胜村	新村石塘芥村西北田野里	105 年	三级
32048100091	枫香	*Liquidambar formosana* Hance	金缕梅科枫香树属	天目湖镇	桂林村	张仙芥半山腰（新做房后）	170 年	三级
32048100092	桂花	*Osmanthus fragrans*（*Thunb.*）Lour.	木樨科木樨属	昆仑街办	古渎村	五荡湾 88 号屋后（原小学内）	155 年	三级

续表

编号	名称			位置			龄级	
	中文名	拉丁名	科属	镇区	行政村	小地名	估测树龄	保护级别
32048100093	桂花	*Osmanthus fragrans*（*Thunb.*）Lour.	木樨科木樨属	别桥镇	西马村	东下梅村 55 号西侧（原粮站东侧）	205 年	三级
32048100094	桂花	*Osmanthus fragrans*（*Thunb.*）Lour.	木樨科木樨属	南渡镇	堑口村	蔡家村原小学内	165 年	三级
32048100095	桂花	*Osmanthus fragrans*（*Thunb.*）Lour.	木樨科木樨属	上黄镇	前化村	前化村湖东特种水产养殖专业合作社内（前化冷库，原村委大院东侧）	205 年	三级
32048100096	银杏	*Ginkgo biloba*	银杏科银杏属	埭头镇	后六村	天界寺村 34 号房屋后	300 年	二级
32048100097	银杏	*Ginkgo biloba*	银杏科银杏属	南渡镇	石街村	村委后老年活动室内	115 年	三级
32048100098	石楠	*Photinia serrulata* Lindl	蔷薇科石楠属	社渚镇	宋村村	窑头村 14 号房屋前	105 年	三级
32048100099	豆梨	*Pyrus calleryana* Decne	蔷薇科梨属	埭头镇	后六村	施家塘村赵村河边	155 年	三级
32048100100	杏	*Armeniaca vulgaris* Lam.	蔷薇科杏属	戴埠镇	李家园村	御水温泉内水吧平台南侧（距古榉树 10 米）	205 年	三级
32048100101	皂荚	*Gleditsia sinensis* Lam.	豆科皂荚属	上黄镇	浒西村	马家村 41 号房屋后	105 年	三级
32048100102	刺楸	*Kalopanax septemlobus*（*Thunb.*）Koidz	五加科刺楸属	上兴镇	祠堂村	芳山村普陀寺（方山寺）院内	255 年	三级
32048100103	枫香	*Liquidambar formosana* Hance	金缕梅科 枫香树属	戴埠镇	李家园村	庙山 . 江苏南山龙祥现代农业有限公司院内小岛上	300 年	二级
32048100104	麻栎	*Quercus acutissima* Carruth.	壳斗科栎属	社渚镇	宋村村	窑头村 46 号前路边	205 年	三级
32048100105	榉树	*Zelkova serrata*（*Thunb.*）Makino	榆科榉属	天目湖镇	桂林村	王家边村 19 号	105 年	三级
32048100106	糙叶树	*Aphananthe aspera*（*Thunb.*）Planch.	榆科糙叶树属	龙潭林场	龙潭林场	场圃后至六十亩顶砂石路半山腰路边	125	三级
32048100107	糙叶树	*Aphananthe aspera*（*Thunb.*）Planch.	榆科糙叶树属	龙潭林场	龙潭林场	场圃后至六十亩顶砂石路半山腰路边向东 200 米半山腰	125	三级

续表

编号	名称			位置			龄级	
	中文名	拉丁名	科属	镇区	行政村	小地名	估测树龄	保护级别
32048100108	朴树	*Celtis sinensis* Pers.	榆科朴属	戴埠镇	横涧村	淡竹芥村路侧	105 年	三级
32048100109	朴树	*Celtis sinensis* Pers.	榆科朴属	竹箦镇	前村村	韦家村后路边	125 年	三级
32048100110	乌桕	*Sapium sebiferum*（*L.*） Roxb.	大戟科乌桕属	天目湖镇	三胜村	小平桥村 16 号小店前路边	105 年	三级
32048100111	乌桕	*Sapium sebiferum*（*L.*） Roxb.	大戟科乌桕属	社渚镇	宋村村	窑头村 46 号前路边外侧	155 年	三级
32048100112	冬青	*Hex Purpurea* HassR	冬青科冬青属	天目湖镇	杨村村	后前村 26 号路边（天目湖国家湿地公园门前）	155 年	三级
32048100113	枸骨	*Ilexcornuta*Lindl. etPaxt.	冬青科冬青属	天目湖镇	三胜村	小芥西村 37 号前	105 年	三级
32048100114	三角枫	*Acer buergerianum* Miq.	槭树科槭属	戴埠镇	横涧村	管家桥边	115 年	三级
32048100115	紫薇	*Lagerstroemia indica*	千屈菜科紫薇属	社渚镇	宋村村	窑头村村西塘边	125 年	三级

溧阳市古树名木科属分布表

科	属	种	数量			
			总数	其中		
				三级	二级	一级
银杏科	银杏属	银杏	9	5	3	1
松科	金钱松属	金钱松	2	2		
	松属	黑松	1		1	
柏科	侧柏属	侧柏	4	2	2	
罗汉松科	罗汉松属	罗汉松	1	1		
木兰科	木兰属	白玉兰	1		1	
蔷薇科	石楠属	石楠	2	2		
	梨属	豆梨	1	1		
	杏属	杏	1	1		
蜡梅科	蜡梅属	蜡梅	1	1		
豆科	皂荚属	皂荚	1	1		
五加科	刺楸属	刺楸	1	1		
金缕梅科	枫香树属	枫香	5	3	1	1
黄杨科	黄杨属	瓜子黄杨	2	2		
壳斗科	青冈属	青冈栎	3	2	1	
	栎属	麻栎	2	2		
	栎属	栓皮栎	1	1		
	栗属	板栗	1	1		
胡桃科	枫杨属	枫杨	1		1	
榆科	榆属	榔榆	1	1		
	青檀属	青檀	3			3
	榉属	榉树	21	18	1	2
	糙叶树属	糙叶树	7	6	1	
	朴属	朴树	11	10	1	
大戟科	重阳木属	重阳木	1	1		
	乌桕属	乌桕	3	3		
冬青科	冬青属	冬青	2	2		
	冬青属	枸骨	1	1		

续表

科	属	种	数量			
			总数	其中		
				三级	二级	一级
鼠李科	枣属	枣树	1		1	
芸香科	柑橘属	香橼	2	2		
漆树科	黄连木属	黄连木	2	2		
槭树科	槭属	三角枫	2	2		
木樨科	木樨属	桂花	4	4		
千屈菜科	紫薇属	紫薇	1	1		
22	32	34	102	81	14	7

溧阳市古树名木镇区分布表

镇区	数量			
	总数	其中		
		三级	二级	一级
天目湖镇	26	20	5	1
戴埠镇	22	11	5	6
昆仑街办	16	16		
龙潭林场	9	8	1	
别桥镇	7	7		
埭头镇	5	3	2	
社渚镇	5	5		
上黄镇	3	2	1	
南渡镇	3	3		
00052	2	2		
上兴镇	2	2		
古县街办	1	1		
竹箦镇	1	1		
	102	81	14	7

溧阳市古树分布图

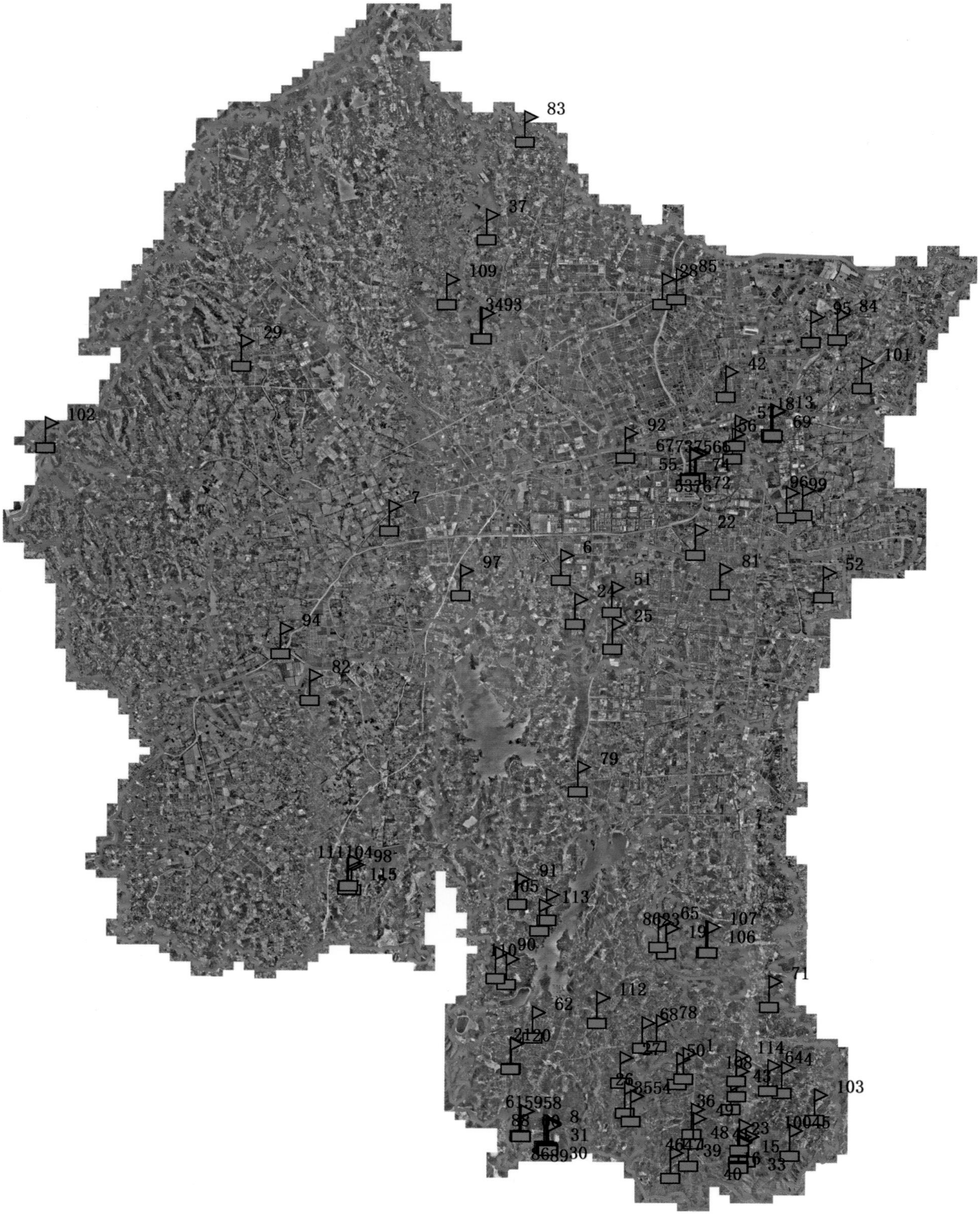

国家一级古树

（树龄 500 年以上）

溧阳市一级古树名木汇总表

编号	名称			位置				龄级		树体特征				立地			生长势	权属
	中文名	拉丁名	科属	镇区	行政村	小地名	GPS 定位点	估测树龄	保护级别	树高	胸围	干径	冠幅	海拔	土壤名称	紧密度		
32048100004	银杏	*Ginkgo biloba*	银杏科银杏属	戴埠镇	同官村	上村25号前	N31° 12′ 37.90″ E119° 31′ 20.63″	700 年	一级	18.2 米	4.18 米	1.30 米	21.3 米	56	黄棕壤	中等	正常	集体
32048100027	枫香	*Liquidambar formosana* Hance	金缕梅科枫香树属	天目湖镇	平桥村	仓浦浪村5号东 路边山坡上	N31° 12′ 52.12″ E119° 26′ 32.66″	500 年	一级	15.0 米	2.54 米	0.77 米	15.0 米	66	黄棕壤	疏松	濒危株	集体
32048100039	青檀	*Pteroceltis tatarinowii* Maxim.	榆科青檀属	戴埠镇	横涧村	深溪岕村41号南侧	N31° 10′ 39.25″ E119° 30′ 6.29″	500 年	一级	15.0 米		0.64 米	15.2 米	130	黄棕壤	一般	正常	集体
32048100040	青檀	*Pteroceltis tatarinowii* Maxim.	榆科青檀属	戴埠镇	横涧村	深溪岕村56号南侧	N31° 10′ 41.97″ E119° 30′ 6.27″	500 年	一级	14.7 米	1.95 米	0.62 米	18.7 米	130	黄棕壤	较疏松	正常	集体
32048100041	青檀	*Pteroceltis tatarinowii* Maxim.	榆科青檀属	戴埠镇	横涧村	深溪岕村125号（青龙桥边）	N31° 10′ 38.74″ E119° 30′ 6.09″	500 年	一级	16.0 米	2.32 米	0.74 米	16.5 米	130	黄棕壤	一般	正常	集体
32048100045	榉树	*Zelkova serrata (Thunb.)* Makino	榆科榉属	戴埠镇	李家园村	御水温泉内石拱桥边	N31° 10′ 58.7″ E119° 31′ 36.8″	500 年	一级	14.7 米	3.33 米	1.02 米	13.9 米	131	黄棕壤	中等	衰弱株	集体
32048100050	榉树	*Zelkova serrata (Thunb.)* Makino	榆科榉属	戴埠镇	南渚村	惠家村80号文背山	N31° 12′ 50.13″ E119° 28′ 14.20″	800 年	一级	13.5 米	5.37 米	1.70 米	9.5 米	86	黄棕壤	中等	衰弱株	集体

溧阳市一级古树分布图

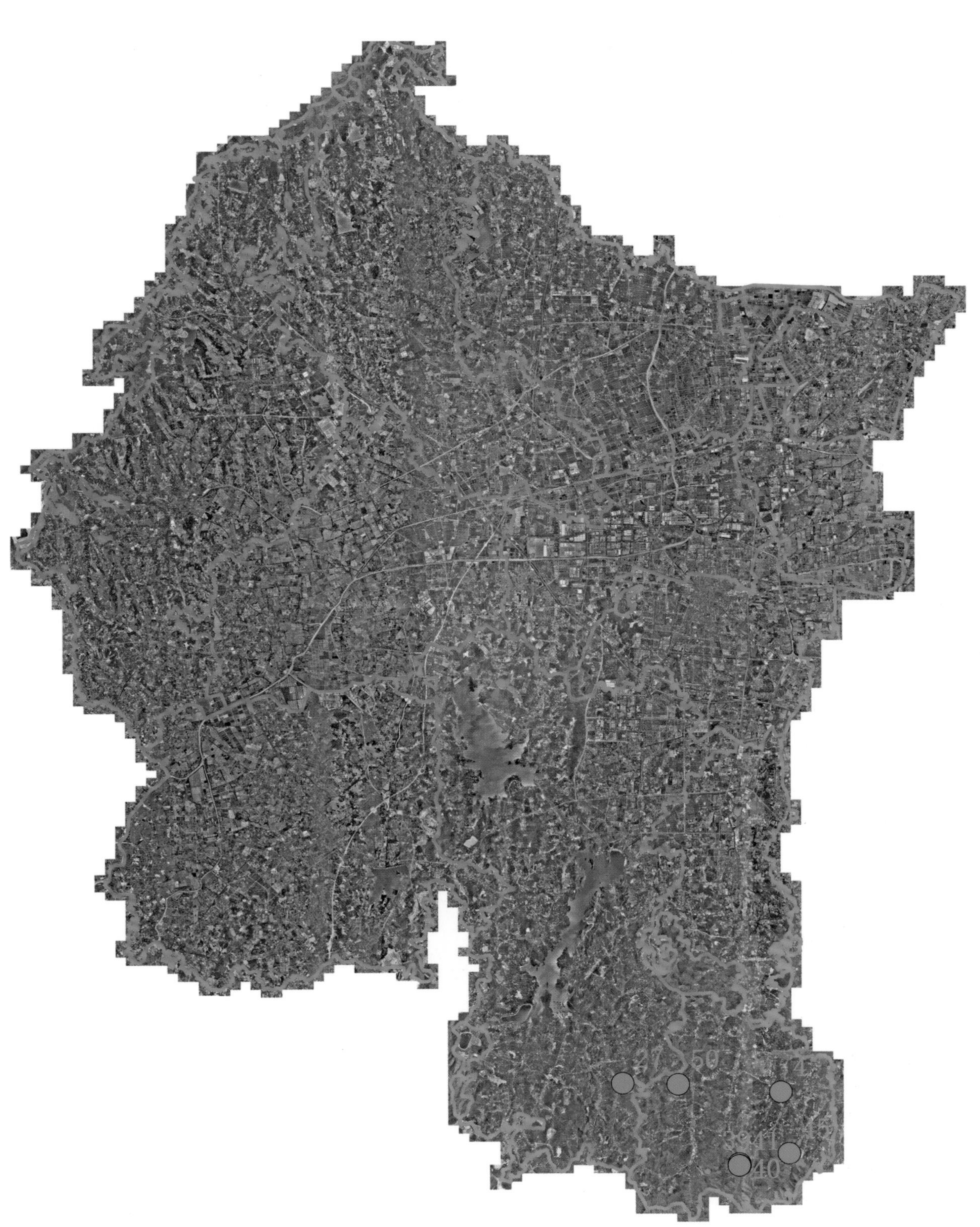

银杏
古树编号：32048100004

古树名木每木调查表

古树编号	32048100004	县（市、区）	溧阳市
树种	中文名：银杏　拉丁名：*Ginkgo biloba*		
	科：银杏科　属：银杏属		
位置	乡镇：戴埠镇　村（居委会）：同官村		
	小地名：上村25号前		
	纵坐标 E119° 31′ 20.63″　横坐标：N31° 12′ 37.90″		
树龄	真实树龄：　年	估测树龄：700年	
古树等级	一级	树高：18.2米	胸径：130厘米
冠幅	平均：24米	东西：23米	南北：25米
立地条件	海拔：56米　坡向：无　坡度：　度　坡位：平地　土壤名称：黄棕壤		
生长势	正常株	生长环境	良好
影响生长环境因素	古树周边为村镇建设用地，土壤的透水、透气性较好，古树四周为建筑，与古树间距较远，对古树生长影响较小。		
现存状态	正常		
树木特殊状况描述	母株，结果量较多，树干6米以上分叉较多，主干明显，树干通直，光洁无疤痕，侧枝主梢明显，树冠美观。		
地上保护现状	护栏、防腐处理		

枫香
古树编号：32048100027

古树名木每木调查表

古树编号	32048100027	县（市、区）	溧阳市
树 种	中文名：枫香　拉丁名：*Liquidambar formosana* Hance.		
	科：金缕梅科　属：枫香树属		
位置	乡镇：天目湖镇　村（居委会）：平桥村		
	小地名：仓浦浪村5号东路边山坡上		
	纵坐标：E119° 26′ 32.66″	横坐标：N31° 12′ 52.12″	
树龄	真实树龄：　年	估测树龄：500年	
古树等级	一级	树高15米	胸径：77厘米
冠幅	平均：8米	东西：9米	南北：7米
立地条件	海拔：66米　坡向：无　坡度：　度　坡位：平地　土壤名称：黄棕壤		
生长势	濒危株	生长环境	良好
影响生长环境因素	古树周边为自然林地，土壤的透水、透气性较好。平桥至松岭公路仓浦浪左转，沿水泥路直至平桥石坝房后。		
现存状态	伤残		
树木特殊状况描述	树干8米处截断，形成大的朝天洞，主干4米分出一侧枝，下部有萌生枝条，树干无疤痕。因雷电伤害，树势衰弱。		
地上保护现状	对雷电损伤部位、树洞进行防腐处理。		

青檀
古树编号：32048100039

古树名木每木调查表

<table>
<tr><td>古树编号</td><td>32048100039</td><td>县（市、区）</td><td>溧阳市</td></tr>
<tr><td rowspan="2">树 种</td><td colspan="3">中文名：青檀　拉丁名：Pteroceltis tatarinowii Maxim.</td></tr>
<tr><td colspan="3">科：榆科　属：青檀属</td></tr>
<tr><td rowspan="3">位置</td><td colspan="3">乡镇：戴埠镇　村（居委会）：横涧村</td></tr>
<tr><td colspan="3">小地名：深溪芥村 41 号南侧</td></tr>
<tr><td colspan="3">纵坐标：E119° 30′ 6.29″　横坐标：N31° 10′ 39.25″</td></tr>
<tr><td>树龄</td><td colspan="3">真实树龄：　年　估测树龄：500 年</td></tr>
<tr><td>古树等级</td><td>一级</td><td>树高：15 米</td><td>胸径：64 厘米</td></tr>
<tr><td>冠幅</td><td>平均：15 米</td><td>东西：12 米</td><td>南北：18 米</td></tr>
<tr><td>立地条件</td><td colspan="3">海拔：130 米　坡向：无　坡度：　度　坡位：平地　土壤名称：黄棕壤</td></tr>
<tr><td>生长势</td><td>正常株</td><td>生长环境</td><td>良好</td></tr>
<tr><td>影响生长环境因素</td><td colspan="3">古树周边为村镇建设用地，基部西侧为涧溪，东侧水泥路，土壤的透水、透气性一般。</td></tr>
<tr><td>现存状态</td><td colspan="3">正常</td></tr>
<tr><td>树木特殊状况描述</td><td colspan="3">生长在涧溪边，村中老人说树干正身被日本人烧掉了。基部根蘖四棵，其主干有萌发侧枝，1、3、4 号枝从基部向上 5 米处有腐烂孔，无主梢，其中 4 号枝东向从基部向上 4 米处有一宽 30 厘米、深 45 厘米纵孔，2 号枝主干明显。</td></tr>
<tr><td>地上保护现状</td><td colspan="3">砌树池，防腐处理</td></tr>
</table>

青檀
古树编号：32048100040

古树名木每木调查表

古树编号	32048100040	县（市、区）	溧阳市
树种	中文名：青檀　拉丁名：*Pteroceltis tatarinowii* Maxim.		
	科：榆科　属：青檀属		
位置	乡镇：戴埠镇　村（居委会）：横涧村		
	小地名：深溪岕村 56 号南侧		
	纵坐标：E119°　30′　6.27″	横坐标：N31°　10′　41.97″	
树龄	真实树龄：　年	估测树龄：500 年	
古树等级	一级	树高：14.7 米	胸径：62 厘米
冠幅	平均：19 米	东西：21 米	南北：17 米
立地条件	海拔：130 米　坡向：无　坡度：　度　坡位：平地　土壤名称：黄棕壤		
生长势	正常株	生长环境	良好
影响生长环境因素	古树周边为村镇建设用地，东侧为涧溪，西侧为水泥路，根受冲刷，已明显裸露，土壤的透水、透气性较好。		
现存状态	正常		
树木特殊状况描述	基部三分叉，北枝最小；1 号枝 4 米处向上有一 80 厘米腐烂孔（宽 10 厘米，深 25 厘米），6 米处二分叉，树干有不规则凹槽；2 号枝 4 米处二分叉，树干有不规则凹槽；3 号枝 5 米处二分叉，树干有不规则凹槽；三分叉树身都萌发侧枝。在树的主体北面一米处有一株直径 42 厘米的青檀，树干 10 米处分叉，树干通直，萌发枝条。		
地上保护现状	护栏，防腐处理		

青檀
古树编号：32048100041

古树名木每木调查表

古树编号	32048100041	县（市、区）	溧阳市
树种	中文名：青檀　拉丁名：*Pteroceltis tatarinowii* Maxim.		
	科：榆科　属：青檀属		
位置	乡镇：戴埠镇　村（居委会）：横涧村		
	小地名：深溪岕村 125 号（青龙桥边）		
	纵坐标：E119° 30′ 6.09″	横坐标：N31° 10′ 38.74″	
树龄	真实树龄：　年	估测树龄：500 年	
古树等级	一级	树高：16 米	胸径：74 厘米
冠幅	平均：16.5 米	东西：17 米	南北：16 米
立地条件	海拔：130 米　坡向：无　坡度：　度　坡位：平地　土壤名称：黄棕壤		
生长势	正常株	生长环境	良好
影响生长环境因素	古树周边为村镇建设用地，东侧为涧溪，南、西侧为水泥路，土壤的透水、透气性较好。		
现存状态	正常		
树木特殊状况描述	树干通直，2 米处二分叉，基部北面向上有一长 80 厘米的腐烂孔，基部南面 50 厘米以上有一 50 厘米腐烂孔，深达 30 厘米；主干东相邻（30 厘米）两棵萌蘖（围 156 厘米、围 249 厘米），其中中间一株 2 米处二分叉，其南叉 2 米处向上有一 2 米长的腐烂纵槽，宽约 20 厘米，深达 25 厘米；东侧一株 6 米处二分叉，树身有萌发侧枝。		
地上保护现状	砌树池，防腐处理		

榉树
古树编号：32048100045

古树名木每木调查表

古树编号	32048100045	县（市、区）	溧阳市
树种	中文名：榉树　拉丁名：*Zelkova serrata (Thunb.)*Makino		
	科：榆科　属：榉属		
位置	乡镇：戴埠镇　村（居委会）：李家园村		
	小地名：御水温泉内石拱桥边		
	纵坐标：E119° 31′ 36.8″　横坐标：N31° 10′ 58.7″		
树龄	真实树龄：　年	估测树龄：500 年	
古树等级	一级	树高：14.7 米	胸径：102 厘米
冠幅	平均：13 米	东西：14 米	南北：12 米
立地条件	海拔：131 米　坡向：无　坡度：　度　坡位：平地　土壤名称：黄棕壤		
生长势	衰弱株	生长环境	差
影响生长环境因素	古树周边为商业服务设施用地，树周为自然林地，在涧溪南侧，土壤的透水、透气性较好。		
现存状态	正常		
树木特殊状况描述	古树生长于涧沟底部，四周石板路高至主干 2 米处，主干 5.5 米处两分叉，西侧有一粗 15 厘米枯枝，古树 4 米处有一长 60 厘米、宽 40 厘米疤痕，韧皮部已生长 2 厘米，古树顶部树叶明显偏小，有部分枯枝。		
地上保护现状	防腐处理		

榉树
古树编号：32048100050

古树名木每木调查表

古树编号	32048100050	县（市、区）	溧阳市
树种	中文名：榉树　拉丁名：*Zelkova serrata (Thunb.)*Makino		
	科：榆科　属：榉属		
位置	乡镇：戴埠镇　村（居委会）：南渚村		
	小地名：惠家村 80 号（惠志新）文背山		
	纵坐标：E119° 28′ 14.20″	横坐标：N31° 12′ 50.13″	
树龄	真实树龄：　年	估测树龄：800 年	
古树等级	一级	树高：13.5 米	胸径：170 厘米
冠幅	平均：11.5 米		
立地条件	海拔：86 米	坡位：平地	土壤名称：黄棕壤
生长势	衰弱株	生长环境	良好
影响生长环境因素	古树周边为村镇建设用地，土壤的透水、透气性较好，北侧民居对树有一定影响。		
现存状态	伤残		
树木特殊状况描述	树干 2/3 已枯死腐烂，树体仅一根侧枝成活，长势一般，基部有特大腐洞。		
地上保护现状	砌树池，支撑，防腐处理		

国家二级古树

（树龄300—499年）

溧阳市二级古树名木汇总表

编号	名称			位置				龄级		树体特征				立地			生长势	权属
	中文名	拉丁名	科属	镇区	行政村	小地名	GPS 定位点	估测树龄	保护级别	树高	胸围	干径	冠幅	海拔	土壤名称	紧密度		
32048100001	银杏	*Ginkgo biloba*	银杏科银杏属	戴埠镇	南渚村	南渚村 43 号前 （水泥路上）	N31° 12′ 58.83″ E119° 28′ 25.33″	300 年	二级	13.0 米	2.95 米	0.94 米	14.7 米	77	黄棕壤	紧密	正常	集体
32048100008	银杏	*Ginkgo biloba*	银杏科银杏属	天目湖镇	梅岭村	梅岭村 84 号屋前	N31° 11′ 3.93″ E119° 24′ 25.65″	350 年	二级	17.9	3.14 +3.00 米	1.00 +0.96 米	19.0 米	86	黄棕壤	紧密	正常	集体
32048100013	黑松	*Pinus thunbergii parl.*	松科松属	埭头镇	埭头中学	埭头中学操场南侧	N31° 29′ 57.13″ E119° 30′ 51.88″	300 年	二级	12.7	1.60 米	0.51 米	8.7 米	7	水稻土	中等	濒危株	国有
32048100020	侧柏	*Platycladus orientalis (L.)* Franco	柏科侧柏属	天目湖镇	吴村	中田村 3 号屋后	N31° 13′ 11.52″ E119° 23′ 16.76″	300 年	二级	18.0 米	2.16 米	0.69 米	7.4 米	27	黄棕壤	中等	正常	集体
32048100021	侧柏	*Platycladus orientalis (L.)* Franco	柏科侧柏属	天目湖镇	吴村	中田村 3 号屋后 竹林中	N31° 13′ 12.64″ E119° 23′ 19.66″	300 年	二级	14.0 米	1.71 米	0.55 米	4.5 米	27	黄棕壤	较疏松	衰弱株	集体
32048100023	白玉兰	*Magnolia denudata desr*	木兰科木兰属	龙潭林场	龙潭林场	崔芥工区职工住房前（原千华寺）	N31° 16′ 14.52″ E119° 27′ 52.42″	350 年	二级	11.7 米	1.54 米	0.49 米	8.4 米	80	黄棕壤	疏松	正常	国有
32048100031	青冈栎	*Cyclobalanopsis glauca(Thunb.)* Oerst.	壳斗科青冈属	天目湖镇	梅岭村	梅岭村村后半山腰	N31° 11′ 6.45″ E119° 24′ 26.37″	350 年	二级	12.1 米	2.82 米	0.90 米	12.8 米	91	黄棕壤	疏松	衰弱株	集体
32048100036	枫杨	*Pterocarya stenoptera* C. DC	胡桃科枫杨属	戴埠镇	南渚村	蛀竹棵村 22 号	N31° 11′ 31.30″ E119° 28′ 41.26″	300 年	二级	13.0 米	3.77 米	1.20 米	24.1 米	86	黄棕壤	较疏松	正常	集体
32048100046	榉树	*Zelkova serrata (Thunb.)*Makino	榆科榉属	戴埠镇	松岭村	松岭村 206 号西侧路边庙旁东侧	N31° 10′ 21.69″ E119° 28′ 4.59″	300 年	二级	13.5 米	2.10 米	0.67 米	11.9 米	122	黄棕壤	中等	衰弱株	集体
32048100064	糙叶树	*Aphananthe aspera (Thunb.)* Planch.	榆科糙叶树属	戴埠镇	同官村	涧西村 8 号前	N31° 12′ 41.06″ E119° 30′ 56.61″	450 年	二级	13.0 米	3.14 米	1.00 米	22.7 米	52	黄棕壤	疏松	正常	集体
32048100079	朴树	*Celtis sinensis* Pers.	榆科朴属	天目湖镇	南钱村	西南钱 90 号西侧	N31° 20′ 27.77″ E119° 25′ 10.91″	400 年	二级	11.8 米	2.73 米	0.87 米	9.9 米	14	黄棕壤	紧密	正常	集体
32048100084	枣树	*Ziziphus jujuba* Mill.	鼠李科枣属	上黄镇	洋渚村	洋渚村老年活动中心前	N31° 32′ 29.08″ E119° 32′ 45.21″	300 年	二级	9.0 米	1.41 米	0.45 米	10.4 米	6	水稻土	较疏松	正常	集体
32048100096	银杏	*Ginkgo biloba*	银杏科银杏属	埭头镇	后六村	天界寺村 34 号房屋后	N31° 27′ 50.3″ E119° 31′ 46.4″	300 年	二级	17.5 米	2.76 米	0.88 米	17.5 米	10	水稻土	中等	正常	集体
32048100103	枫香	*Liquidambar formosana* Hance	金缕梅科枫香树属	戴埠镇	李家园村	庙山，江苏南山龙祥现代农业有限公司院	N31° 11′ 55.97″ E119° 32′ 19.14″	300 年	二级	18.8 米	3.66 米	1.17 米	14.8 米	73	黄棕壤	一般	正常	集体

溧阳市二级古树分布图

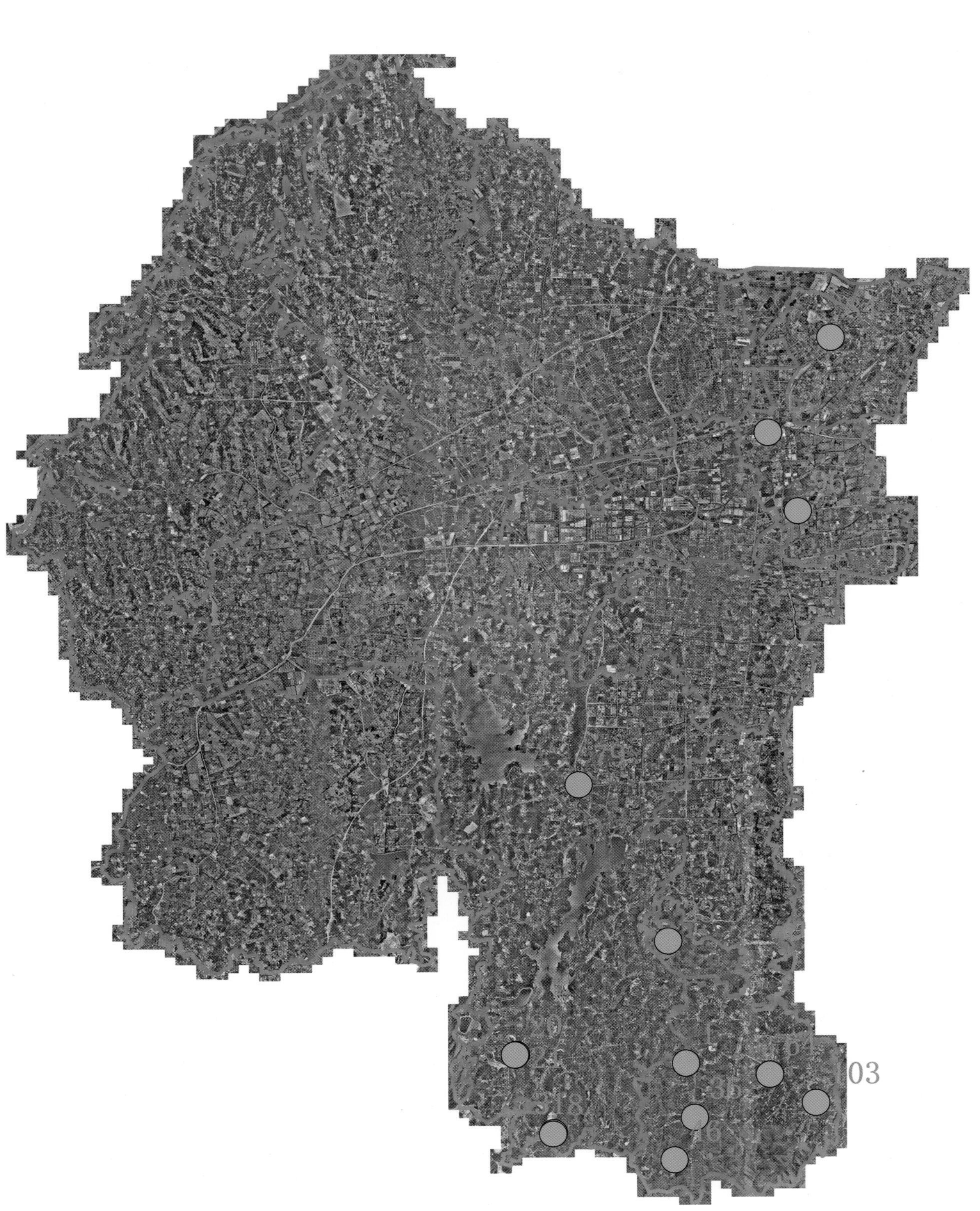

银杏
古树编号：32048100001

古树名木每木调查表

<table>
<tr><td>古树编号</td><td>32048100001</td><td>县（市、区）</td><td colspan="2">溧阳市</td></tr>
<tr><td rowspan="2">树种</td><td colspan="4">中文名：银杏　拉丁名：Ginkgo biloba</td></tr>
<tr><td colspan="4">科：银杏科　属：银杏属</td></tr>
<tr><td rowspan="3">位置</td><td colspan="4">乡镇：戴埠镇　村（居委会）：南渚村</td></tr>
<tr><td colspan="4">小地名：南渚村43号前（水泥路上）</td></tr>
<tr><td colspan="2">纵坐标：E119° 28′ 25.33″</td><td colspan="2">横坐标：N31° 12′ 58.83″</td></tr>
<tr><td>树龄</td><td colspan="2">真实树龄：　年</td><td colspan="2">估测树龄：300 年</td></tr>
<tr><td>古树等级</td><td>二级</td><td>树高：13.0 米</td><td colspan="2">胸径：94 厘米</td></tr>
<tr><td>冠幅</td><td>平均：12.5 米</td><td>东西：12 米</td><td colspan="2">南北：13 米</td></tr>
<tr><td>立地条件</td><td>海拔：77 米</td><td>坡向：无</td><td>坡位：平地</td><td>土壤名称：黄棕壤</td></tr>
<tr><td>生长势</td><td>正常株</td><td>生长环境</td><td colspan="2">差</td></tr>
<tr><td>影响生长环境因素</td><td colspan="4">古树周边为村镇建设用地，古树生长在水泥道路上，土壤的透水、透气性受较大影响，古树东北侧为一层建筑，二者间距较近，对古树生长影响较大。</td></tr>
<tr><td>现存状态</td><td colspan="4">正常</td></tr>
<tr><td>树木特殊状况描述</td><td colspan="4">雄株，树干7米处分叉，主干明显，光洁无疤痕，树干有萌生枝条。</td></tr>
<tr><td>地上保护现状</td><td colspan="4">无</td></tr>
</table>

银杏
古树编号：32048100008

古树名木每木调查表

古树编号	32048100008	县（市、区）	溧阳市
树种	中文名：银杏　拉丁名：*Ginkgo biloba*		
	科：银杏科　属：银杏属		
位置	乡镇：天目湖镇　村（居委会）：梅岭村		
	小地名：梅岭村 84 号屋前		
	纵坐标：E119°　24′　25.65″	横坐标：N31°　11′　3.93″	
树龄	真实树龄：　年	估测树龄：　350 年	
古树等级	二级	树高：17.9 米	胸径 100+96 厘米
冠幅	平均：18 米	东西：18 米	南北：18 米
立地条件	海拔：86 米　坡向：无	坡位：平地	土壤名称：黄棕壤
生长势	正常株	生长环境	良好
影响生长环境因素	古树周边为村镇建设用地，土壤的透水、透气性一般，古树四周为水泥场地，建筑与古树间距较近，对古树生长影响较大。		
现存状态	正常		
树木特殊状况描述	母株，基部二分叉，向上 2 米又合并，称姐妹树。		
地上保护现状	无		

黑松
古树编号：32048100013

古树名木每木调查表

古树编号	32048100013	县（市、区）	溧阳市
树种	中文名：黑松　　拉丁名：*Pinus thunbergii parl.*		
	科：松科　　属：松属		
位置	乡镇：埭头镇　　村（居委会）：埭头中学		
	小地名：埭头中学操场南侧		
	纵坐标：E119° 30′ 51.88″	横坐标：N31° 29′ 57.13″	
树龄	真实树龄：　　年	估测树龄：　300 年	
古树等级	二级	树高：12.7 米	胸径：51 厘米
冠幅	平均：11 米	东西：12 米	南北：10 米
立地条件	海拔：7 米　　坡向：无　　坡位：平地　　土壤名称：水稻土		
生长势	濒危株	生长环境	良好
影响生长环境因素	古树周边为教育设施用地，古树一侧为水泥场地，一侧为绿地，土壤的透水、透气性好。		
现存状态	正常		
树木特殊状况描述	树干通直，树冠已封顶，新叶萌发差。		
地上保护现状	排水管，透气铺装		

侧柏
古树编号：32048100020

古树名木每木调查表

<table>
<tr><td>古树编号</td><td>32048100020</td><td>县（市、区）</td><td>溧阳市</td></tr>
<tr><td rowspan="2">树 种</td><td colspan="3">中文名：侧柏　拉丁名：Platycladus orientalis (L.) Franco</td></tr>
<tr><td colspan="3">科：柏科　属：侧柏属</td></tr>
<tr><td rowspan="3">位置</td><td colspan="3">乡镇：天目湖镇　村（居委会）：吴村</td></tr>
<tr><td colspan="3">小地名：中田村3号屋后</td></tr>
<tr><td colspan="3">纵坐标：E119° 23′ 16.76″　横坐标：N31° 13′ 11.52″</td></tr>
<tr><td>树龄</td><td>真实树龄：　年</td><td colspan="2">估测树龄：300年</td></tr>
<tr><td>古树等级</td><td>二级</td><td>树高：18米</td><td>胸径：69厘米</td></tr>
<tr><td>冠幅</td><td>平均：9米</td><td>东西：7米</td><td>南北：11米</td></tr>
<tr><td>立地条件</td><td colspan="3">海拔：27米　坡向：无　坡位：平地　土壤名称：黄棕壤</td></tr>
<tr><td>生长势</td><td>正常株</td><td>生长环境</td><td>良好</td></tr>
<tr><td>影响生长环境因素</td><td colspan="3">古树周边为村镇建设用地，土壤的透水、透气性较好。</td></tr>
<tr><td>现存状态</td><td colspan="3">正常</td></tr>
<tr><td>树木特殊状况描述</td><td colspan="3">树干8米处分叉，树干通直圆满。</td></tr>
<tr><td>地上保护现状</td><td colspan="3">树池</td></tr>
</table>

侧柏
古树编号：32048100021

古树名木每木调查表

古树编号	32048100021	县（市、区）	溧阳市
树种	中文名：侧柏　拉丁名：*Platycladus orientalis (L.)* Franco		
	科：柏科　属：侧柏属		
位置	乡镇：天目湖镇　村（居委会）：吴村		
	小地名：中田村3号屋后竹林中		
	纵坐标 :E119° 23′ 19.66″		横坐标 :N31° 13′ 12.64″
树龄	真实树龄：　年		估测树龄：300年
古树等级	二级	树高：14米	胸径：55厘米
冠幅	平均：6米	东西：6米	南北：6米
立地条件	海拔：27米　坡向：无　坡度：　度　坡位：平地　土壤名称：黄棕壤		
生长势	衰弱株	生长环境	良好
影响生长环境因素	古树周边为林地，土壤的透水、透气性较好，古树周边毛竹对古树生长有影响。		
现存状态	伤残		
树木特殊状况描述	树干9米处分叉，树干两边1–7米处有纵沟，沟最宽有30厘米，东边也有纵沟，树干东边3–7米木质部部分裸露。		
地上保护现状	支撑、树池		

白玉兰
古树编号：32048100023

古树名木每木调查表

古树编号	32048100023	县（市、区）	溧阳市
树 种	中文名：白玉兰　拉丁名：*Magnolia denudata desr*		
	科：木兰科　属：木兰属		
位置	乡镇：龙潭林场　村（居委会）：龙潭林场		
	小地名：崔炘工区职工住房前（原千华寺）		
	纵坐标 :E119°　27′　52.42″	横坐标 : N31°　16′　14.52″	
树龄	真实树龄：　年	估测树龄：　350 年	
古树等级	二级	树高：11.7 米	胸径：49 厘米
冠幅	平均：9 米	东西：10 米	南北：8 米
立地条件	海拔：80 米　坡向：无　坡度：　度　坡位：平地　土壤名称：黄棕壤		
生长势	正常株	生长环境	良好
影响生长环境因素	古树周边为村镇建设用地，树干周边为空地，土壤的透水、透气性较好。		
现存状态	正常		
树木特殊状况描述	树干 3.5 米处分叉，有明显主干，树干光洁无腐烂孔，树冠匀称，侧枝主梢明显。		
地上保护现状	排水沟		

青冈栎

古树编号：32048100031

古树名木每木调查表

<table>
<tr><td>古树编号</td><td>32048100031</td><td>县（市、区）</td><td>溧阳市</td></tr>
<tr><td rowspan="2">树 种</td><td colspan="3">中文名：青冈栎　拉丁名：Cyclobalanopsis glauca(Thunb.) Oerst.</td></tr>
<tr><td colspan="3">科：壳斗科　属：青冈属</td></tr>
<tr><td rowspan="3">位置</td><td colspan="3">乡镇：天目湖镇　村（居委会）：梅岭村</td></tr>
<tr><td colspan="3">小地名：梅岭村后半山腰</td></tr>
<tr><td colspan="3">纵坐标：E119° 24′ 26.37″　横坐标：N31° 11′ 6.45″</td></tr>
<tr><td>树龄</td><td>真实树龄：　年</td><td colspan="2">估测树龄：350 年</td></tr>
<tr><td>古树等级</td><td>二级</td><td>树高 12.1 米</td><td>胸径：90 厘米</td></tr>
<tr><td>冠幅</td><td>平均：14 米</td><td>东西：13 米</td><td>南北：14 米</td></tr>
<tr><td>立地条件</td><td colspan="2">海拔：91 米</td><td>土壤名称：黄棕壤</td></tr>
<tr><td>生长势</td><td>衰弱株</td><td>生长环境</td><td>良好</td></tr>
<tr><td>影响生长环境因素</td><td colspan="3">古树周边为自然林地，土壤的透水、透气性较好。</td></tr>
<tr><td>现存状态</td><td colspan="3">伤残</td></tr>
<tr><td>树木特殊状况描述</td><td colspan="3">树干 6 米处遭雷劈去一半树身，树干偏冠严重，主干木质部 2/3 不存，树基部开始腐烂，有一 2 米的腐烂孔。</td></tr>
<tr><td>地上保护现状</td><td colspan="3">支撑、避雷针，防腐处理</td></tr>
</table>

枫杨
古树编号：32048100036

古树名木每木调查表

古树编号	32048100036	县（市、区）	溧阳市
树种	中文名：枫杨　　拉丁名：*Pterocarya stenoptera* C. DC		
	科：胡桃科　　属：枫杨属		
位置	乡镇：戴埠镇　　村（居委会）：南渚村		
	小地名：蛀竹棵村 22 号		
	纵坐标：E119°　28′　41.26″	横坐标：N31°　11′　31.30″	
树龄	真实树龄：　年	估测树龄：300 年	
古树等级	二级	树高：13 米	胸径：120 厘米
冠幅	平均：24.5 米	东西：17 米	南北：32 米
立地条件	海拔：86 米　坡向：无　坡度：　度　坡位：平地　　土壤名称：黄棕壤		
生长势	正常株	生长环境	差
影响生长环境因素	古树周边为村镇建设用地，基部建一圆形围护，南侧、西侧为水泥路，土壤的透水、透气性一般。		
现存状态	正常		
树木特殊状况描述	树干 2 米处三分叉，光洁无疤痕，有部分主侧枝枯死，树冠偏东。		
地上保护现状	砌树池		

榉树
古树编号：32048100046

古树名木每木调查表

古树编号	32048100046	县（市、区）	溧阳市
树 种	中文名：榉树　拉丁名：*Zelkova serrata (Thunb.)*Makino		
	科：榆科　属：榉属		
位置	乡镇：戴埠镇　村（居委会）：松岭村		
	小地名：松岭村 206 号西侧路边庙旁（王家村东侧 100 米），二榉树相距 6 米，本树在东侧。		
	纵坐标：E119°　28′　4.59″	横坐标：N31°　10′　21.69″	
树龄	真实树龄：　年	估测树龄：300 年	
古树等级	二级	树高：13.5 米	胸径：67 厘米
冠幅	平均：11 米	东西：9 米	南北：13 米
立地条件	海拔：122 米　坡向：无　坡度：　度　坡位：平地　土壤名称：黄棕壤		
生长势	衰弱株	生长环境	良好
影响生长环境因素	古树周边为村镇建设用地，南侧为水沟，北侧为小庙，土壤的透水、透气性较好。		
现存状态	正常		
树木特殊状况描述	树干 3 米处三分叉，通直无疤痕，北侧分叉已经枯死，侧枝无明显主梢。		
地上保护现状			

糙叶树
古树编号：32048100064

古树名木每木调查表

古树编号	32048100064	县（市、区）	溧阳市
树 种	中文名：糙叶树　　拉丁名：*Aphananthe aspera (Thunb.)* Planch.		
	科：榆科　　属：糙叶树属		
位置	乡镇：戴埠镇　　村（居委会）：同官村		
	小地名：涧西村 8 号前		
	纵坐标：E119°　30′　56.61″　　横坐标：N31°　12′　41.06″		
树龄	真实树龄：　　年	估测树龄：450 年	
古树等级	二级	树高：13 米	胸径：100 厘米
冠幅	平均：14.5 米	东西：16 米	南北：13 米
立地条件	海拔：52 米　坡向：无　坡度：　度　坡位：平地　土壤名称：黄棕壤		
生长势	正常株	生长环境	良好
影响生长环境因素	古树周边为村镇建设用地，土壤的透水、透气性较好。		
现存状态	正常		
树木特殊状况描述	树干有多处凹槽，3 米处二分叉，东南侧分支有一直径 25 厘米、深 15 厘米的腐烂孔，树干分枝较多，侧枝主梢明显。		
地上保护现状			

朴树
古树编号：32048100079

古树名木每木调查表

古树编号	32048100079	县（市、区）	溧阳市
树种	中文名：朴树　拉丁名：*Celtis sinensis* Pers.		
	科：榆科　属：朴属		
位置	乡镇：天目湖镇　村（居委会）：南钱村		
	小地名：西南钱 90 号西侧		
	纵坐标：E119° 25′ 10.91″	横坐标：N31° 20′ 27.77″	
树龄	真实树龄：　年	估测树龄：400 年	
古树等级	二级	树高：11.8 米	胸径：87 厘米
冠幅	平均：9 米	东西：9 米	南北：9 米
立地条件	海拔：14 米　坡向：无　坡度：　度　坡位：平地　土壤名称：黄棕壤		
生长势	正常株	生长环境	良好
影响生长环境因素	古树周边为村镇建设用地，土壤的透水、透气性较差，树东侧为民居，距离较近，对树有影响。		
现存状态	正常		
树木特殊状况描述	树干 3 米处二分叉，树干较光洁，1958 年树身 2 米处叉枝截掉后形成腐烂孔。		
地上保护现状	防腐清理		

朴树
古树编号：32048100084

古树名木每木调查表

古树编号	32048100084	县（市、区）	溧阳市
树种	中文名：枣树　拉丁名：Ziziphus jujuba Mill.		
	科：鼠李科　属：枣属		
位置	乡镇：上黄镇　村（居委会）：洋渚村		
	小地名：洋渚村老年活动中心前		
	纵坐标：E119° 32′ 45.21″	横坐标：N31° 32′ 29.08″	
树龄	真实树龄：　年	估测树龄：300 年	
古树等级	二级	树高：9 米	胸径：45 厘米
冠幅	平均：7.5 米	东西：7 米	南北：8 米
立地条件	海拔：6 米　坡向：无　坡度：　度　坡位：平地　土壤名称：水稻土		
生长势	正常株	生长环境	良好
影响生长环境因素	古树周边为村镇建设用地，树周为一花池，土壤的透水、透气性较好。		
现存状态	正常		
树木特殊状况描述	树干基部向上 0.5 米处有一条长 30 厘米的树凹槽，共有三个大的腐烂孔，需修补。		
地上保护现状	砌树池，防腐处理		

银杏
古树编号：32048100096

古树名木每木调查表

古树编号	32048100096	县（市、区）	溧阳市
树 种	中文名：银杏　拉丁名：*Ginkgo biloba*		
	科：银杏科　属：银杏属		
位置	乡镇：埭头镇　村（居委会）：后六村		
	小地名：天界寺村 34 号房屋后		
	纵坐标：E119°　32′　4.54″		横坐标：N31°　27′　42.86″
树龄	真实树龄：　年		估测树龄：　300 年
古树等级	二级	树高：17.5 米	胸径：88 厘米
冠幅	平均：14 米	东西：13 米	南北：15 米
立地条件	海拔：10 米　坡向：无　坡度：　度　坡位：平地　土壤名称：水稻土		
生长势	正常株	生长环境	良好
影响生长环境因素	周边为村镇建设用地，土壤的透水、透气性较好。		
现存状态	正常		
古树历史（限 300 字）	传说明初靖难之后，建文帝朱允炆从南京的故宫经天王寺逃到溧阳㺯山南麓，看见浩淼的长荡湖之滨有一座香火旺盛的天界寺，遂在此削发为僧。朱棣称帝后，派人四处寻找建文帝的下落，两年之后，朱棣得到建文帝躲入天界寺为僧的密报，派兵包围天界寺，然后把天界寺里的和尚全部屠杀，只留下一个蓬头垢面的蒋姓义工。传说在屠杀的前一天，建文帝得知了消息，提前离开了天界寺，乘小船没入茫茫的长荡湖中，不知所踪。天界寺遭此劫难之后，蒋姓义工收拾和尚残骸，把天界寺里的所有法器投入古井。他填埋了古井，在天界寺的废墟之上建屋植树，后来娶妻生子，一代一代，繁衍开来。		
树木特殊状况描述	母株，主干通直，树干 4 米处多分枝，树干光洁无疤痕，根盘裸露，果小且圆。		
地上保护现状	树池		

枫香
古树编号：32048100103

古树名木每木调查表

古树编号	32048100103	县（市、区）	溧阳市
树种	中文名：枫香　拉丁名：*Liquidambar formosana* Hance.		
	科：金缕梅科　属：枫香树属		
位置	乡镇：戴埠镇　村（居委会）：李家园村		
	小地名：庙山．江苏南山龙祥现代农业有限公司院内小岛上		
	纵坐标：E119° 32′ 19.14″　横坐标：N31° 11′ 55.97″		
树龄	真实树龄：　年	估测树龄：300 年	
古树等级	二级	树高：18.8 米	胸径：117 厘米
冠幅	平均：14.5 米	东西：15 米	南北：14 米
立地条件	海拔：73 米　坡向：西　坡度：5 度　坡位：顶　土壤名称：黄棕壤		
生长势	正常株	生长环境	良好
影响生长环境因素	古树周边为林业用地，四周为水面，土壤的透水、透气性较好。		
现存状态	正常		
树木特殊状况描述	生长旺盛，无明显枯枝。主干明显，树干 2 米处有小分叉，5 米处主干有一分叉，8 米处又有二分叉。树干 1.5 米处有一长 30 厘米、宽 20 厘米腐孔，5 米处有一长 50 厘米、宽 20 厘米腐孔，深入木质部。		
地上保护现状			

国家
三级古树

（树龄100—299年）

溧阳市三级古树名木汇总表

编号	名称			位置				龄级		树体特征				立地			生长势	权属
	中文名	拉丁名	科属	镇区	行政村	小地名	GPS 定位点	估测树龄	保护级别	树高	胸围	干径	冠幅	海拔	土壤名称	紧密度		
32048100002	银杏	*Ginkgo biloba*	银杏科银杏属	戴埠镇	横涧村	深溪岕村 77 号南侧	N31° 10′ 48.13″ E119° 30′ 4.39″	115 年	三级	13.7 米	2.35 米	0.75 米	11.6 米	124	黄棕壤	中等	正常	集体
32048100003	银杏	*Ginkgo biloba*	银杏科银杏属	戴埠镇	横涧村	深溪岕村 87 号南侧（涧沟西侧）	N31° 10′ 48.61″ E119° 30′ 5.19″	125 年	三级	11.3 米	2.03 米	0.65 米	13.2 米	124	黄棕壤	中等	正常	集体
32048100006	银杏	*Ginkgo biloba*	银杏科银杏属	昆仑街办	胡桥村	鹏程村 103 号前 塘边	N31° 26′ 2.99″ E119° 24′ 35.93″	135 年	三级	13.7 米	2.10 米	0.67 米	12.3 米	3	水稻土	一般	正常	集体
32048100007	银杏	*Ginkgo biloba*	银杏科银杏属	南渡镇	集镇	南渡镇春晖公园内（原集镇南河桥边信用社院内）	N31° 27′ 19.5″ E119° 19′ 28.4″	115 年	三级	9.5 米	2.14 米	0.63 米	6.3 米	6	水稻土	疏松	正常	国有
32048100015	金钱松	*Pseudolarix amabilis*	松科金钱松属	龙潭林场	龙潭林场	深溪岕跃进塘向山上 150 米内侧	N31° 11′ 7.34″ E119° 30′ 7.33″	115 年	三级	21.8 米	1.61 米	0.51 米	9.5 米	120	黄棕壤	疏松	正常	国有
32048100016	金钱松	*Pseudolarix amabilis*	松科金钱松属	龙潭林场	龙潭林场	深溪岕跃进塘向山上 150 米外侧	N31° 11′ 7.41″ E119° 30′ 7.36″	125 年	三级	21.8 米	1.75 米	0.56 米	9.5 米	120	黄棕壤	疏松	正常	国有
32048100018	侧柏	*Platycladus orientalis (L.)* Franco	柏科侧柏属	埭头镇	埭头中学	埭头中学办公楼 南侧	N31° 29′ 54.82″ E119° 30′ 49.57″	105 年	三级	9.6 米	1.00 米	0.32 米	5.5 米	7	水稻土	中等	正常	国有
32048100019	侧柏	*Platycladus orientalis (L.)* Franco	柏科侧柏属	龙潭林场	龙潭林场	崔岕工区职工住房前（原千华寺）	N31° 16′ 14.54″ E119° 27′ 51.82″	205 年	三级	16.7 米	1.19 米	0.35 米	6.5 米	80	黄棕壤	疏松	正常	国有
32048100022	罗汉松	*Podocarpus-macrophyllus (Thunb.)* D. Don	罗汉松科罗汉松属	昆仑街办	胥渚村	北门外胥渚村 239 号院内，老年活动室西侧	N31° 26′ 45.55″ E119° 28′ 35.57″	265 年	三级	6.0 米	1.31 米	0.42 +0.32 米	6.0 米	7	水稻土	紧密	正常	个人
32048100024	石楠	*Photinia serrulata* Lindl	蔷薇科石楠属	昆仑街办	陶家村	大石山农庄大门牌楼西侧 30 米处工人房东侧树丛内	N31° 24′ 53.27″ E119° 25′ 2.03″	105 年	三级	8.5 米	2.38 米	0.76 米	12.3 米	22	黄棕壤	疏松	正常	集体
32048100025	蜡梅	*Chimonanthus praecox(linn.)* Link.	蜡梅科蜡梅属	古县街办	上阁楼村	唐家村 32 号东侧	N31° 24′ 14.32″ E119° 26′ 9.75″	135 年	三级	6.5 米			10.6 米	16	水稻土	中等	衰弱株	集体

续表

编号	名称			位置				龄级		树体特征				立地			生长势	权属
	中文名	拉丁名	科属	镇区	行政村	小地名	GPS 定位点	估测树龄	保护级别	树高	胸围	干径	冠幅	海拔	土壤名称	紧密度		
32048100026	枫香	*Liquidambar formosana* Hance	金缕梅科枫香树属	天目湖镇	平桥村	雪飞岭村 13 号西（路边土地庙边）	N31° 12′ 4.20″ E119° 26′ 42.09″	260 年	三级	21.0 米	2.68 米	0.85 米	11.2 米	88	黄棕壤	疏松	正常	集体
32048100028	瓜子黄杨	*Buxus sinica(Rehd. Et Wils)* Chengex M. Cheng	黄杨科黄杨属	别桥镇	集镇	集镇（桥西）虞庙村 18 号院内	N31° 33′ 22.79″ E119° 27′ 32.05″	205 年	三级	9.0 米	0.91 米	0.29 +0.11 米	5.5 米	5	水稻土	较疏松	正常	个人
32048100029	瓜子黄杨	*Buxus sinica(Rehd. Et Wils)* Chengex M. Cheng	黄杨科黄杨属	上兴镇	集镇	集镇原镇政府院内	N31° 31′ 39.85″ E119° 15′ 0.43″	255 年	三级	4.5 米		0.39 米	7.3 米	8	黄棕壤	一般	正常	国有
32048100030	板栗	*Castanea mollissima* Blume	壳斗科栗属	天目湖镇	梅岭村	梅岭村 69 号前	N31° 11′ 7.73″ E119° 24′ 24.50″	155 年	三级	8.5 米	1.57 米	0.50 米		90	黄棕壤	较疏松	衰弱株	集体
32048100032	青冈栎	*Cyclobalanopsis glauca(Thunb.)* Oerst.	壳斗科青冈属	龙潭林场	龙潭林场	深溪岕古松园内 上侧	N31° 10′ 47.42″ E119° 30′ 19.68″	105 年	三级	10.0 米	1.42 米	0.45 米	7.2 米	158	黄棕壤	疏松	正常	国有
32048100033	青冈栎	*Cyclobalanopsis glauca(Thunb.)* Oerst.	壳斗科青冈属	龙潭林场	龙潭林场	深溪岕古松园内 下侧	N31° 10′ 48.81″ E119° 30′ 18.26″	100 年	三级	12.0 米	1.49 米	0.47 米	7.0 米	158	黄棕壤	疏松	正常	国有
32048100034	麻栎	*Quercus acutissima* Carruth.	壳斗科栎属	别桥镇	西马村	下梅村村口路边（原粮站西侧路边）	N31° 32′ 26.48″ E119° 22′ 7.52″	105 年	三级	14.9 米	2.01 米	0.64 米	14.3 米	6	水稻土	紧密	正常	集体
32048100035	栓皮栎	*Quercus variabilis* Bl.	壳斗科栎属	天目湖镇	平桥村	雪飞岭村 48 号西	N31° 11′ 51.23″ E119° 26′ 53.00″	205 年	三级	13.7 米	2.95 米	0.94 米	8.2 米	120	黄棕壤	紧密	衰弱株	集体
32048100037	榔榆	*Ulmus parvifolia* Jacq.	榆科榆属	别桥镇	塘马村	塘马村 13 号西侧 塘边	N31° 35′ 2.45″ E119° 22′ 16.12″	125 年	三级	10.1 米	1.75 +1.35 米	0.55 +0.43 米	18.4 米	5	水稻土	中等	正常	集体
32048100042	榉树	*Zelkova serrata (Thunb.)*Makino	榆科榉属	别桥镇	湖边村	浪圩村原村委办公楼东侧河边	N31° 30′ 57.74″ E119° 29′ 26.91″	115 年	三级	11.5 米	1.51 米	0.48 米	12.5 米	4	水稻土	中等	正常	集体
32048100043	榉树	*Zelkova serrata (Thunb.)*Makino	榆科榉属	戴埠镇	横涧村	蒋家村 5 号房后（横涧集镇向深溪岕路左边）	N31° 12′ 11.37″ E119° 29′ 50.66″	155 年	三级	17.5 米	2.92 米	0.93 米	19.2 米	69	黄棕壤	较疏松	正常	集体
32048100047	榉树	*Zelkova serrata (Thunb.)*Makino	榆科榉属	戴埠镇	松岭村	松岭村 206 号西侧路边庙旁（王家村东侧 100 米），二榉树相距 6 米，本树在西侧	N31° 10′ 21.58″ E119° 28′ 4.30″	255 年	三级	14.5 米	2.47 米	0.79 米	14.4 米	122	黄棕壤	中等	正常	集体

续表

编号	名称			位置				龄级		树体特征				立地			生长势	权属
	中文名	拉丁名	科属	镇区	行政村	小地名	GPS 定位点	估测树龄	保护级别	树高	胸围	干径	冠幅	海拔	土壤名称	紧密度		
32048100048	榉树	*Zelkova serrata* (*Thunb.*)Makino	榆科榉属	戴埠镇	松岭村	红庙村 49 号侧	N31° 10′ 41.20″ E119° 28′ 36.21″	205 年	三级	12.2 米	2.53 米	0.81 米	17.0 米	105	黄棕壤	中等	正常	集体
32048100049	榉树	*Zelkova serrata* (*Thunb.*)Makino	榆科榉属	戴埠镇	松岭村	钱家基村 48 号侧	N31° 11′ 16.74″ E119° 28′ 44.63″	105 年	三级	14.5 米	2.17 米	0.69 米	16.3 米	92	黄棕壤	中等	正常	个人
32048100051	榉树	*Zelkova serrata* (*Thunb.*)Makino	榆科榉属	昆仑街办	北水西村	田尺芥村 19 号 东侧塘边	N31° 25′ 13.39″ E119° 26′ 7.46″	115 年	三级	13.0 米	2.42 米	0.77 米	16.8 米	26	水稻土	较疏松	正常	集体
32048100052	榉树	*Zelkova serrata* (*Thunb.*)Makino	榆科榉属	溧城街办	八字桥村	礼诗村万金桥西侧	N31° 25′ 39.17″ E119° 32′ 24.92″	115 年	三级	6.0 米	0.94 米	0.30 米	2.8 米	3	水稻土	紧密	衰弱株	集体
32048100053	榉树	*Zelkova serrata* (*Thunb.*)Makino	榆科榉属	昆仑街办	毛场村	沙涨村公共绿地 东侧门前	N31° 28′ 48.36″ E119° 28′ 35.30″	105 年	三级	10.0 米	2.07 米	0.66 米	9.0 米	4	水稻土	紧密	衰弱株	集体
32048100054	榉树	*Zelkova serrata* (*Thunb.*)Makino	榆科榉属	天目湖镇	平桥村	雪飞岭村 48 号西（栓皮栎东侧）	N31° 11′ 51.0″ E119° 26′ 52.6″	205 年	三级	20.0 米	2.51 米	0.80 米	15.0 米	120	黄棕壤	中等	正常	集体
32048100055	榉树	*Zelkova serrata* (*Thunb.*)Makino	榆科榉属	昆仑街办	毛场村	沙涨村绿地南侧 原会堂前	N31° 28′ 47.56″ E119° 28′ 33.04″	105 年	三级	12.5 米	2.26 米	0.72 米	15.1 米	4	水稻土	紧密	正常	集体
32048100056	榉树	*Zelkova serrata* (*Thunb.*)Makino	榆科榉属	昆仑街办	杨庄村	枢巷村 75 号门前	N31° 29′ 19.56″ E119° 29′ 39.83″	155 年	三级	7.7 米	2.54 米	0.81 米	6.2 米	5	水稻土	紧密	濒危株	集体
32048100057	榉树	*Zelkova serrata* (*Thunb.*)Makino	榆科榉属	昆仑街办	杨庄村	石塘村 85 号东侧	N31° 29′ 40.46″ E119° 29′ 44.87″	125 年	三级	14.7 米	3.22 米	1.03 米	17.8 米	4	水稻土	紧密	正常	集体
32048100058	榉树	*Zelkova serrata* (*Thunb.*)Makino	榆科榉属	天目湖镇	梅岭村	东山滨村 45 号前（竹器厂）	N31° 11′ 25.38″ E119° 23′ 37.68″	105 年	三级	14.6 米	1.75 米	0.56 米	13.0 米	55	黄棕壤	中等	正常	集体
32048100059	榉树	*Zelkova serrata* (*Thunb.*)Makino	榆科榉属	天目湖镇	梅岭村	东山滨村进村路下	N31° 11′ 26.16″ E119° 23′ 35.04″	205 年	三级	13.2 米	2.04 米	0.65 米	10.2 米	53	黄棕壤	中等	正常	集体
32048100060	榉树	*Zelkova serrata* (*Thunb.*)Makino	榆科榉属	天目湖镇	梅岭村	东山滨村进村路中	N31° 11′ 26.67″ E119° 23′ 34.85″	105 年	三级	14.4 米	1.42 米	0.45 米	11.9 米	54	黄棕壤	中等	正常	集体
32048100061	榉树	*Zelkova serrata* (*Thunb.*)Makino	榆科榉属	天目湖镇	梅岭村	东山滨村进村路上	N31° 11′ 26.84″ E119° 23′ 35.04″	205 年	三级	11.5 米	1.49 米	0.47 米	9.0 米	55	黄棕壤	中等	衰弱株	集体
32048100062	榉树	*Zelkova serrata* (*Thunb.*)Makino	榆科榉属	天目湖镇	吴村村	白土塘村 48 号前	N31° 14′ 0.75″ E119° 23′ 55.85″	135 年	三级	12.0 米	2.24 米	0.71 米	14.3 米	33	黄棕壤	中等	衰弱株	集体
32048100065	糙叶树	*Aphananthe aspera* (*Thunb.*) Planch.	榆科糙叶树属	戴埠镇	山口村	崔芥村 1 号路边	N31° 16′ 24.35″ E119° 27′ 38.28″	105 年	三级	15.3 米	3.41 米	1.09 米	19.6 米	60	黄棕壤	中等	正常	集体
32048100066	糙叶树	*Aphananthe aspera* (*Thunb.*) Planch.	榆科糙叶树属	昆仑街办	毛场村	沙涨村尚书墓东侧	N31° 28′ 45.18″ E119° 28′ 25.00″	115 年	三级	13.0 米	2.57 米	0.82 米	17.0 米	6	水稻土	较疏松	正常	集体
32048100067	糙叶树	*Aphananthe aspera* (*Thunb.*) Planch.	榆科糙叶树属	昆仑街办	毛场村	沙涨村尚书墓围墙外北侧	N31° 28′ 47.26″ E119° 28′ 23.70″	125 年	三级	10.5 米	1.37 米	0.44 米	6.0 米	6	水稻土	较疏松	衰弱株	集体

续表

编号	名称			位置				龄级		树体特征				立地			生长势	权属
	中文名	拉丁名	科属	镇区	行政村	小地名	GPS 定位点	估测树龄	保护级别	树高	胸围	干径	冠幅	海拔	土壤名称	紧密度		
32048100068	糙叶树	*Aphananthe aspera (Thunb.)* Planch.	榆科糙叶树属	天目湖镇	杨村村	锁山村 51 号前（240 镇广线边）	N31° 13′ 46.33″ E119° 27′ 11.79″	235 年	三级	12.7 米	2.99 米	0.95 米	14.7 米	64	黄棕壤	中等	正常	集体
32048100069	朴树	*Celtis sinensis* Pers.	榆科朴属	埭头镇	埭头中学	埭头中学餐厅前	N31° 29′ 58.89″ E119° 30′ 48.22″	115 年	三级	11.5 米	2.92 米	0.75 米	11.3 米	5	水稻土	紧密	正常	国有
32048100071	朴树	*Celtis sinensis* Pers.	榆科朴属	戴埠镇	戴南村	冷水芥村 11 号 向南 500 米	N31° 14′ 52.71″ E119° 30′ 57.34″	145 年	三级	16.7 米	2.22 米	0.71 米	12.3 米	34	黄棕壤	较疏松	正常	集体
32048100072	朴树	*Celtis sinensis* Pers.	榆科朴属	昆仑街办	毛场村	沙涨村尚书墓东侧	N31° 28′ 45.58″ E119° 28′ 25.13″	105 年	三级	11.2 米	1.57 米	0.50 米	13.3 米	6	水稻土	较疏松	正常	集体
32048100073	朴树	*Celtis sinensis* Pers.	榆科朴属	昆仑街办	毛场村	沙涨村尚书墓南侧	N31° 28′ 45.54″ E119° 28′ 23.44″	115 年	三级	9.3 米	1.67 米	0.53 米	12.0 米	6	水稻土	较疏松	正常	集体
32048100074	朴树	*Celtis sinensis* Pers.	榆科朴属	昆仑街办	毛场村	沙涨村尚书墓南侧二株相连内侧	N31° 28′ 45.43″ E119° 28′ 23.97″	125 年	三级	12.0 米	1.73 米	0.56 米	11.5 米	6	水稻土	疏松	正常	集体
32048100075	朴树	*Celtis sinensis* Pers.	榆科朴属	昆仑街办	毛场村	沙涨村尚书墓南侧二株相连外侧	N31° 28′ 45.32″ E119° 28′ 24.02″	115 年	三级	8.8 米	1.28 米	0.41 米	8.8 米	6	水稻土	疏松	衰弱株	集体
32048100076	朴树	*Celtis sinensis* Pers.	榆科朴属	昆仑街办	毛场村	沙涨村尚书墓围墙外北侧	N31° 28′ 47.33″ E119° 28′ 23.52″	105 年	三级	11.5 米	1.95 米	0.62 米	12.5 米	6	水稻土	较疏松	正常	集体
32048100078	朴树	*Celtis sinensis* Pers.	榆科朴属	天目湖镇	杨村村	野猪芥村 79 号前 塘边	N31° 13′ 49.89″ E119° 27′ 37.04″	150 年	三级	13.5 米	2.32 米	0.74 米	15.0 米	62	黄棕壤	较疏松	正常	集体
32048100081	重阳木	*Bischofia polycarpa (Levl.)* Airy Shaw	大戟科重阳木属	溧城街办	市区	高静园内	N31° 25′ 43.10″ E119° 29′ 20.48″	125 年	三级	17.2 米	2.61 米	0.83 米	21.2 米	5	水稻土	中等	正常	国有
32048100082	乌桕	*Sapium sebiferum (L.)* Roxb.	大戟科乌桕属	社渚镇	梅山村	西汤村西边水塘边	N31° 22′ 48.97″ E119° 17′ 10.85″	105 年	三级	11.0 米	1.88 米	0.60 米	12.0 米	4	水稻土	疏松	正常	集体
32048100083	冬青	*Hex Purpurea* HassR	冬青科冬青属	别桥镇	黄金山村	黄金山村村后金山顶最高处	N31° 37′ 38.53″ E119° 23′ 23.24″	155 年	三级	11.8 米	1.70 米	0.54 米	8.8 米	32	黄棕壤	疏松	正常	集体
32048100085	香橼	*Citrus medica L.*	芸香科柑橘属	别桥镇	镇东村	培阳村 131 号西侧	N31° 33′ 30.25″ E119° 27′ 56.71″	125 年	三级	6.5 米		0.38 +0.19 米	7.3 米	5	水稻土	中等	衰弱株	集体
32048100086	香橼	*Citrus medica L.*	芸香科柑橘属	龙潭林场	龙潭林场	崔芥工区职工住房前（原千华寺）	N31° 16′ 15.04″ E119° 27′ 51.64″	205 年	三级	6.5 米			9.7 米	77	黄棕壤	疏松	正常	国有
32048100087	黄连木	*Pistacia chinensis* Bunge	漆树科黄连木属	天目湖镇	梅岭村	梅岭村 35 号前 （村前路边）	N31° 11′ 10.35″ E119° 24′ 18.83″	265 年	三级	14.2 米	2.85 米	0.91 米	14.3 米	80	黄棕壤	较疏松	正常	集体

续表

编号	名称			位置				龄级		树体特征				立地			生长势	权属
	中文名	拉丁名	科属	镇区	行政村	小地名	GPS 定位点	估测树龄	保护级别	树高	胸围	干径	冠幅	海拔	土壤名称	紧密度		
32048100088	黄连木	*Pistacia chinensis* Bunge	漆树科黄连木属	天目湖镇	梅岭村	梅岭村 65 号东侧（村后）	N31° 11′ 8.71″ E119° 24′ 24.70″	255 年	三级	16.7 米	2.83 米	0.90 米	14.5 米	90	黄棕壤	较疏松	正常	集体
32048100089	三角枫	*Acer buergerianum* Miq.	槭树科槭属	天目湖镇	梅岭村	梅岭村 103 号（井塘边）	N31° 11′ 7.56″ E119° 24′ 22.20″	205 年	三级	9.7 米	2.40 米	0.85 +0.56 米	18.7 米	83	黄棕壤	较疏松	正常	集体
32048100090	枫香	*Liquidambar formosana* Hance	金缕梅科枫香树属	天目湖镇	三胜村	新村石塘芥村西北田野里	N31° 15′ 32.75″ E119° 22′ 48.19″	105 年	三级	13.8 米	1.89 米	0.60 米	12.5 米	34	黄棕壤	疏松	正常	集体
32048100091	枫香	*Liquidambar formosana* Hance	金缕梅科枫香树属	天目湖镇	桂林村	张仙芥半山腰（新做房后）	N31° 17′ 28.34″ E119° 23′ 26.52″	170 年	三级	21.0 米	2.40 米	0.76 米	10.6 米	82	黄棕壤	疏松	正常	集体
32048100092	桂花	*Osmanthus fragrans* (*Thunb.*) Lour.	木樨科木樨属	昆仑街办	古渎村	五荡湾 88 号屋后（原小学内）	N31° 29′ 19.48″ E119° 26′ 29.09″	155 年	三级	6.6 米	1.51 米	0.48 米	8.9 米	3	水稻土	中等	正常	集体
32048100093	桂花	*Osmanthus fragrans* (*Thunb.*) Lour.	木樨科木樨属	别桥镇	西马村	东下梅村 55 号西侧（原粮站东侧）	N31° 32′ 26.61″ E119° 22′ 10.22″	205 年	三级	6.2 米	1.10 米	0.35 米	5.6 米	6	水稻土	中等	衰弱株	集体
32048100094	桂花	*Osmanthus fragrans* (*Thunb.*) Lour.	木樨科木樨属	南渡镇	堑口村	蔡家村原小学内	N31° 24′ 2.32″ E119° 16′ 17.12″	165 年	三级	7.2 米	1.51 米	0.48 米	6.3 米	5	水稻土	中等	衰弱株	集体
32048100095	桂花	*Osmanthus fragrans* (*Thunb.*) Lour.	木樨科木樨属	上黄镇	前化村	前化村湖东特种水产养殖专业合作社内（前化冷库，原村委大院东侧）	N31° 32′ 24.78″ E119° 31′ 58.00″	205 年	三级	6.6 米		0.22 +0.31 米	5.4 米	5	水稻土	中等	衰弱株	集体
32048100097	银杏	*Ginkgo biloba*	银杏科银杏属	南渡镇	石街村	村委后老年活动室内	N31° 25′ 37.77″ E119° 21′ 37.36″	115 年	三级	15.2 米	2.29 米	0.73 米	15.8 米	11	水稻土	紧密	正常	集体
32048100098	石楠	*Photinia serrulata* Lindl	蔷薇科石楠属	社渚镇	宋村村	窑头村 14 号房屋前	N31° 17′ 48.59″ E119° 18′ 29.95″	105 年	三级	7.5 米	1.10 米	0.35 米	7.5 米	35	水稻土	疏松	濒危株	个人
32048100099	豆梨	*Pyrus calleryana* Decne	蔷薇科梨属	埭头镇	后六村	施家塘村赵村河边	N31° 27′ 46.4″ E119° 31′ 17.1″	155 年	三级	10.6 米		0.45 米	13 米	10	水稻土	中等	正常	集体
32048100100	杏	*Armeniaca vulgaris* Lam.	蔷薇科杏属	戴埠镇	李家园村	御水温泉内水吧 平台南侧（距古榉树 10 米）	N31° 10′ 58.6″ E119° 31′ 36.5″	205 年	三级	13.6 米	1.85 米	0.59 米	13.9 米	131	黄棕壤	较疏松	正常	集体
32048100101	皂荚	*Gleditsia sinensis* Lam.	豆科皂荚属	上黄镇	浒西村	马家村 41 号房屋后	N31° 31′ 13.3″ E119° 33′ 29.8″	105 年	三级	11.8 米	2.91 米	0.93 米	15.6 米	8	水稻土	紧密	正常	集体

续表

编号	名称			位置				龄级		树体特征				立地			生长势	权属
	中文名	拉丁名	科属	镇区	行政村	小地名	GPS 定位点	估测树龄	保护级别	树高	胸围	干径	冠幅	海拔	土壤名称	紧密度		
32048100102	刺楸	*Kalopanax septemlobus (Thunb.)*Koidz	五加科刺楸属	上兴镇	祠堂村	芳山村普陀寺（方山寺）院内	N31° 29′ 27.07″ E119° 9′ 12.84″	255 年	三级	11.2 米	2.29 米	0.73 米	9.7 米	78	黄棕壤	紧密	濒危株	集体
32048100104	麻栎	*Quercus acutissima* Carruth.	壳斗科栎属	社渚镇	宋村村	窑头村 46 号前路边	N31° 17′ 55.32″ E119° 18′ 24.29″	205 年	三级	20.5 米	3.30 米	0.72 +0.58 米	22.9 米	30	水稻土	疏松	正常	集体
32048100105	榉树	*Zelkova serrata (Thunb.)*Makino	榆科榉属	天目湖镇	桂林村	王家边村 19 号侧	N31° 17′ 4.36″ E119° 24′ 18.65″	105 年	三级	17.5 米	1.92 米	0.61 米	12.9 米	42	黄棕壤	一般	正常	个人
32048100106	糙叶树	*Aphananthe aspera (Thunb.)* Planch.	榆科糙叶树属	龙潭林场	龙潭林场	场圃后至六十亩顶砂石路半山腰路边	N31° 16′ 17.4″ E119° 29′ 3.5″	125	三级	22.5 米	2.45 米	0.78 米	18.0 米	166	黄棕壤	一般	正常	国有
32048100107	糙叶树	*Aphananthe aspera (Thunb.)* Planch.	榆科糙叶树属	龙潭林场	龙潭林场	场圃后至六十亩顶砂石路半山腰路边向东200 米半山腰	N31° 16′ 16.7″ E119° 29′ 5.9″	125	三级	22.0 米	2.40 米	0.76 米	16.0 米	179	黄棕壤	一般	正常	国有
32048100108	朴树	*Celtis sinensis* Pers.	榆科朴属	戴埠镇	横涧村	淡竹芥村路侧	N31° 12′ 31.8″ E119° 30′ 0.7″	105 年	三级	21.5 米	3.13 米	1 米	21.6 米	72	黄棕壤	一般	正常	集体
32048100109	朴树	*Celtis sinensis* Pers.	榆科朴属	竹篑镇	前村村	韦家村后路边	N31° 33′ 19.3″ E119° 21′ 7.0″	125 年	三级	13.5 米	2.29 米	0.73 米	21.9 米	3	水稻土	一般	正常	个人
32048100110	乌桕	*Sapium sebiferum (L.)* Roxb.	大戟科乌桕属	天目湖镇	三胜村	小平桥村 16 号小店前路边	N31° 15′ 23.70″ E119° 23′ 8.6″	105 年	三级	16 米	2.21 米	0.7 米	18.6 米	27	黄棕壤	紧密	正常	集体
32048100111	乌桕	*Sapium sebiferum (L.)* Roxb.	大戟科乌桕属	社渚镇	宋村村	窑头村 46 号前 路边外侧	N31° 17′ 55.29″ E119° 18′ 24.02″	155 年	三级	17.5 米	2.05 米	0.65 米	11.5 米	30	水稻土	疏松	正常	集体
32048100112	冬青	*Hex Purpurea* HassR	冬青科冬青属	天目湖镇	杨村村	后前村 26 号路边（天目湖国家湿地公园门前）	N31° 14′ 24.88″ E119° 25′ 49.94″	155 年	三级	11.6 米	1.78 米	0.57 米	13.8 米	28	黄棕壤	疏松	濒危株	个人
32048100113	枸骨	*Ilexcornuta*-Lindl.*etPaxt.*	冬青科冬青属	天目湖镇	三胜村	小芥西村 37 号前	N31° 16′ 47.54″ E119° 24 ′ 6.24″	105 年	三级	6.5 米	1.55 米	0.48 米	12.2 米	40	黄棕壤	一般	正常	个人
32048100114	三角枫	*Acer buergerianum* Miq.	槭树科槭属	戴埠镇	横涧村	管家桥边	N31° 12′ 56.61″ E119° 30′ 0.22″	115 年	三级	12.5 米	1.6 米	0.51 米	13 米	49	黄棕壤	一般	正常	集体
32048100115	紫薇	*Lagerstroemia indica*	千屈菜科紫薇属	社渚镇	宋村村	窑头村村西塘边	N31° 17′ 50.23″ E119° 18′ 22.34″	125 年	三级	5.2 米			7.5 米	31	水稻土	一般	正常	集体

溧阳市三级古树分布图

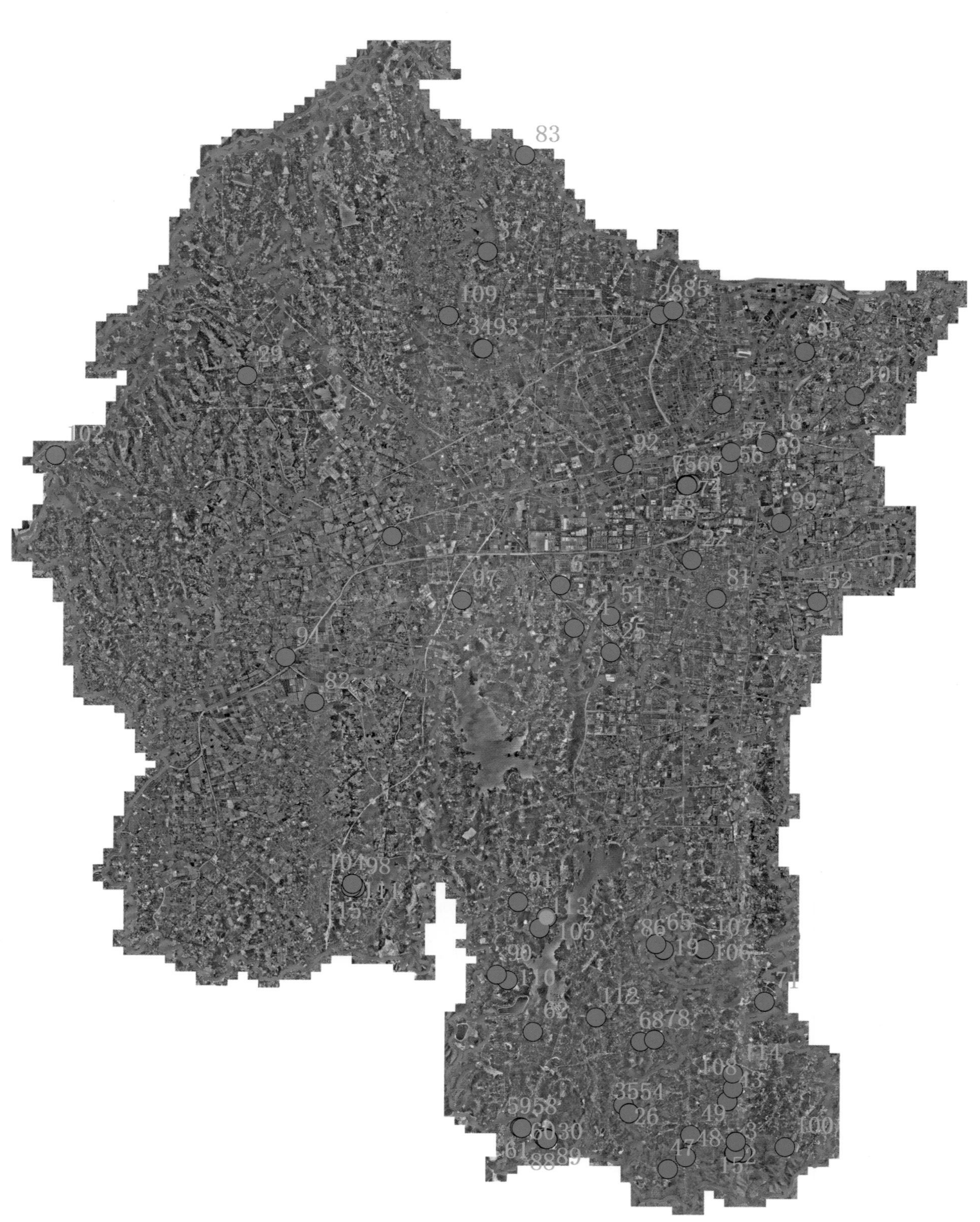

银杏
古树编号：32048100002

古树名木每木调查表

古树编号	32048100002	县（市、区）	溧阳市
树种	中文名：银杏　　拉丁名：*Ginkgo biloba*		
	科：银杏科　　属：银杏属		
位置	乡镇：戴埠镇　　村（居委会）：横涧村		
	小地名：深溪芥村77号南侧		
	纵坐标：E119°　30′　4.39″　　横坐标：N31°　10′　48.13″		
树龄	真实树龄：年	估测树龄：115年	
古树等级	三级	树高：13.7米	胸径：75厘米
冠幅	平均：11.6米	东西：11米	南北：12米
立地条件	海拔：24米　坡向：无　坡度：度　坡位：平地　土壤名称：黄棕壤		
生长势	正常株	生长环境	良好
影响生长环境因素	古树周边为村镇建设用地，土壤的透水、透气性一般，古树生长在房侧，与建筑较近，对古树生长有影响。		
现存状态	正常		
树木特殊状况描述	雄株，树干10米以上分叉较多，主干明显，树干通直，光洁无疤痕。		
地上保护现状	无		

银杏
古树编号：32048100003

古树名木每木调查表

古树编号	32048100003	县（市、区）	溧阳市
树种	中文名：银杏　拉丁名：*Ginkgo biloba*		
	科：银杏科　属：银杏属		
位置	乡镇：戴埠镇　村（居委会）：横涧村		
	小地名：深溪岕村 87 号南侧		
	纵坐标：E119°　30′　5.19″	横坐标：N31°　10′　48.61″	
树龄	真实树龄：年	估测树龄：　125 年	
古树等级	三级	树高：11.3 米	胸径：65 厘米
冠幅	平均：12 米	东西：12 米	南北：12 米
立地条件	海拔：124 米　坡向：无　坡度：度　坡位：平地　土壤名称：黄棕壤		
生长势	正常株	生长环境	良好
影响生长环境因素	古树周边为村镇建设用地，土壤的透水、透气性一般，古树生长在新建围墙南侧，古树西南侧为二层建筑，周边混凝土场地面积较大，对古树生长有影响。		
现存状态	正常		
树木特殊状况描述	母株，结果量较多，树干 5 米以上分叉较多，主干明显，树干通直，光洁无疤痕。		
地上保护现状	无		

银杏
古树编号：32048100006

古树名木每木调查表

古树编号	32048100006	县（市、区）	溧阳市
树 种	中文名：银杏　拉丁名：*Ginkgo biloba*		
	科：银杏科　属：银杏属		
位置	乡镇：昆仑街办　村（居委会）：胡桥村		
	小地名：鹏程村 103 号前塘边		
	纵坐标：E119° 24′ 35.93″		横坐标：N31° 26′ 2.99″
树龄	真实树龄：　年	估测树龄：135 年	
古树等级	三级	树高：13.7 米	胸径：67 厘米
冠幅	平均：13.5 米	东西：12 米	南北：15 米
立地条件	海拔：3 米　坡向：无　坡度：　度　坡位：平地　土壤名称：水稻土		
生长势	正常株	生长环境	良好
影响生长环境因素	古树周边为村镇建设用地，土壤的透水、透气性较好，古树四周为乡村水泥道路和水塘，建筑与古树间距较远，对古树生长影响较小。原为祠堂，胡桥过高速桥洞前一个小村水塘前。		
现存状态	正常		
树木特殊状况描述	母株，长在塘边，结果量大，树干 3.5 米处分叉，主干明显，树干通直，光洁无疤痕。		
地上保护现状	驳岸		

银杏
古树编号：32048100007

古树名木每木调查表

古树编号	32048100007	县（市、区）	溧阳市
树 种	中文名：银杏　拉丁名：*Ginkgo biloba*		
	科：银杏科　属：银杏属		
位置	乡镇：南渡镇　村（居委会）：集镇		
	小地名：南渡镇春晖公园内		
	纵坐标：E119° 19′ 28.4″　横坐标：N31° 27′ 19.5″		
树龄	真实树龄：　年	估测树龄：　110 年	
古树等级	三级	树高：9.5 米	胸径：63 厘米
冠幅	平均：9.5 米	东西：9 米	南北：10 米
立地条件	海拔：6 米　坡向：无　坡度：　度　坡位：平地　土壤名称：水稻土		
生长势	正常株	生长环境	一般
影响生长环境因素	因南河修整，南渡中桥重建，银杏树正好位于桥下，经按程序上报同意后，移栽至春晖公园内。古树四周为花池，花池较大，设有排水设施，土壤的透水、透气性较好。经多年专业养护，树势已经得到恢复。		
现存状态	正常		
树木特殊状况描述	母株，树干 2 米处向上分 4 侧枝，树干光洁，疤痕已经逐渐愈合，分蘖苗较多。		
地上保护现状	砌树池，排水暗沟，防腐处理		

金钱松
古树编号：32048100015

古树名木每木调查表

古树编号	32048100015	县（市、区）	溧阳市
树种	中文名：金钱松　拉丁名：*Pseudolarix amabilis*		
	科：松科　属：金钱松属		
位置	乡镇：龙潭林场		
	小地名：深溪岕跃进塘向山上 150 米内侧		
	纵坐标：E119° 30′ 7.33″	横坐标：N31° 11′ 7.34″	
树龄	真实树龄：　年	估测树龄：115 年	
古树等级	三级	树高：21.8 米	胸径：51 厘米
冠幅	平均：10 米	东西：9 米	南北：11 米
立地条件	海拔：120 米　坡向：无　坡度：　度　坡位：平地　土壤名称：黄棕壤		
生长势	正常株	生长环境	良好
影响生长环境因素	古树周边为林地，土壤的透水、透气性较好，古树周边有杂竹、杂树，对树有影响。		
现存状态	正常		
树木特殊状况描述	树干 9 米向上处开始分蘖侧枝，主梢明显，树干通直，光洁无疤痕。		
地上保护现状	围栏		

金钱松

古树编号：32048100016

古树名木每木调查表

古树编号	32048100016	县（市、区）	溧阳市
树 种	中文名：金钱松 拉丁名：*Pseudolarix amabilis*		
	科：松科 属：金钱松属		
位置	乡镇：龙潭林场		
	小地名：深溪芥跃进塘向山上 150 米外侧		
	纵坐标：E119° 30′ 7.36″ 横坐标：N31° 11′ 7.41″		
树龄	真实树龄： 年	估测树龄： 125 年	
古树等级	三级	树高：21.8 米	胸径：56 厘米
冠幅	平均：10 米	东西：9 米	南北：11 米
立地条件	海拔：120 米 坡向：无 坡度： 度 坡位：平地 土壤名称：黄棕壤		
生长势	正常株	生长环境	良好
影响生长环境因素	古树周边为林地，土壤的透水、透气性较好，古树周边有杂竹、杂树，对树有影响。		
现存状态	正常		
树木特殊状况描述	树干 9 米向上处开始分蘖侧枝，主梢明显，树干通直，光洁无疤痕。		
地上保护现状	围栏		

侧柏
古树编号：32048100018

古树名木每木调查表

古树编号	32048100018	县（市、区）	溧阳市
树种	中文名：侧柏 拉丁名：*Platycladus orientalis (L.)* Franco		
	科：柏科 属：侧柏属		
位置	乡镇：埭头镇 村（居委会）：埭头中学		
	小地名：埭头中学办公楼南侧		
	纵坐标：E119° 30′ 49.57″	横坐标：N31° 29′ 54.82″	
树龄	真实树龄： 年	估测树龄： 105 年	
古树等级	三级	树高：9.6 米	胸径：32 厘米
冠幅	平均：6 米	东西：6 米	南北：5 米
立地条件	海拔：7 米 坡向：无 坡度： 度 坡位：平地 土壤名称：水稻土		
生长势	正常株	生长环境	良好
影响生长环境因素	古树周边为教育设施用地、绿地，土壤透水、透气性好。		
现存状态	正常		
树木特殊状况描述	树干圆满，向南倾斜 5 度。		
地上保护现状	无		

侧柏
古树编号：32048100019

古树名木每木调查表

古树编号	32048100019	县（市、区）	溧阳市
树 种	中文名：侧柏　拉丁名：*Platycladus orientalis (L.)* Franco		
	科：柏科　属：侧柏属		
位置	乡镇：龙潭林场		
	小地名：崔芥工区职工住房前（原千华寺）		
	纵坐标：E119° 27′ 51.82″		横坐标：N31° 16′ 14.54″
树龄	真实树龄：　年		估测树龄：　205 年
古树等级	三级	树高：16.7 米	胸径：35 厘米
冠幅	平均：9 米	东西：9 米	南北：9 米
立地条件	海拔：80 米　坡向：无　坡度：　度　坡位：平地　土壤名称：黄棕壤		
生长势	正常株	生长环境	良好
影响生长环境因素	古树周边为村镇建设用地，土壤的透水、透气性较好。		
现存状态	正常		
树木特殊状况描述	树干 1.8 米处二分叉，光洁无腐烂孔，树冠匀称，侧枝分叉较多，主梢明显。		
地上保护现状	无		

罗汉松
古树编号：32048100022

古树名木每木调查表

古树编号	32048100022	县（市、区）	溧阳市
树 种	中文名：罗汉松　拉丁名：*Podocarpusmacrophyllus(Thunb.)* D. Don		
	科：罗汉松科　属：罗汉松属		
位置	乡镇：昆仑街办　村（居委会）：胥渚村		
	小地名：北门外胥渚村 239 号院内，老年活动室西侧		
	纵坐标 :E119° 28′ 35.57″		横坐标 : N31° 26′ 45.55″
树龄	真实树龄：　年		估测树龄： 265 年
古树等级	三级	树高：6 米	胸径：42+32 厘米
冠幅	平均：6.5 米	东西：7 米	南北：6 米
立地条件	海拔：7 米　坡向：无　坡度：　度　坡位：平地　土壤名称：水稻土		
生长势	正常株	生长环境	良好
影响生长环境因素	周边为村镇建设用地，古树在围墙内楼房东侧，有 3 米 ×3 米空地，为砖砌花坛，土壤的透水、透气性较差，古树周边民宅对古树生长有影响。		
现存状态	正常		
树木特殊状况描述	主干明显，3 米处分叉，二分枝，节明显，树干上有多块结疤，上长满叶，无病虫害。		
地上保护现状	无		

石楠
古树编号：32048100024

古树名木每木调查表

古树编号	32048100024	县（市、区）	溧阳市
树种	中文名：石楠　拉丁名：*Photinia serrulata* Lindl		
	科：蔷薇科　属：石楠属		
位置	乡镇：昆仑街办　村（居委会）：陶家村		
	小地名：大石山农庄大门牌楼西侧 30 米处工人房东侧		
	纵坐标：E119° 25′ 2.03″	横坐标：N31° 24′ 53.27″	
树龄	真实树龄：　年	估测树龄：105 年	
古树等级	三级	树高：8.5 米	胸径：76 厘米
冠幅	平均：10 米	东西：10 米	南北：10 米
立地条件	海拔：22 米　坡向：无　坡度：　度　坡位：平地　土壤名称：黄棕壤		
生长势	正常株	生长环境	良好
影响生长环境因素	周边为乡村道路与农地，土壤的透水、透气性较好。古树四周杂树较多，工人房内生活污水流到根盘处，建议在路边开排水沟，减少对古树生长的影响。		
现存状态	正常		
树木特殊状况描述	树干 50 厘米处多分叉，小枝较多，形如巨伞，树干无蛀孔，长势较好。		
地上保护现状	排水沟，清杂		

蜡梅

古树编号：32048100025

古树名木每木调查表

古树编号	32048100025	县（市、区）	溧阳市
树种	中文名：蜡梅　拉丁名：*Chimonanthus praecox(linn.)*Link.		
	科：蜡梅科　属：蜡梅属		
位置	乡镇：古县街办　村（居委会）：上阁楼村		
	小地名：唐家村32号东侧		
	纵坐标：E119° 26′ 9.75″	横坐标：N31° 24′ 14.32″	
树龄	真实树龄：　年	估测树龄：　135年	
古树等级	三级	树高：6.5米	胸径：
冠幅	平均：11米	东西：10米	南北：12米
立地条件	海拔：16米　坡向：无　坡度：　度　坡位：平地　土壤名称：水稻土		
生长势	衰弱株	生长环境	差
影响生长环境因素	周边为村镇建设用地，土壤的透水、透气性一般。古树西侧为民宅，间距很近，对古树生长影响较大，东、北侧为香樟，已影响蜡梅的采光和生长，对古树生长产生不利影响。		
现存状态	正常		
树木特殊状况描述	树紧靠民房生长，蜡梅根盘如同一大萝卜，直径达1.2米，上丛生有直径10厘米的枝，根盘上已有菌类寄生。根盘及枝条有部分腐烂。		
地上保护现状	无		

枫香
古树编号：32048100026

古树名木每木调查表

古树编号	32048100026	县（市、区）	溧阳市
树种	中文名：枫香　　拉丁名：*Liquidambar formosana* Hance.		
	科：金缕梅科　　属：枫香树属		
位置	乡镇：天目湖镇　　村（居委会）：平桥村		
	小地名：雪飞岭村 13 号西（路边土地庙边）。		
	纵坐标：E119° 26′ 42.09″　　横坐标 N31° 12′ 4.20″		
树龄	真实树龄：　　年	估测树龄：260 年	
古树等级	三级	树高 21 米	胸径：85 厘米
冠幅	平均：12 米	东西：12 米	南北：12 米
立地条件	海拔：88 米　坡向：无　坡度：　度　坡位：平地　土壤名称：黄棕壤		
生长势	正常株	生长环境	差
影响生长环境因素	古树周边为村镇建设用地，水泥场地覆盖面积大，土壤的透水、透气性较差，古树西北侧二层建筑对古树生长有影响。		
现存状态	正常		
树木特殊状况描述	主干 6 米处二分叉，树干密生侧枝，树根基部裸露，侧枝已腐烂，有直径 35 厘米腐烂孔（朝天洞）。		
地上保护现状	防腐处理		

瓜子黄杨
古树编号：32048100028

古树名木每木调查表

古树编号	32048100028	县（市、区）	溧阳市
树 种	中文名：瓜子黄杨　拉丁名：*Buxus sinica(Rehd. Et Wils)* Chengex M. Cheng		
	科：黄杨科　属：黄杨属		
位置	乡镇：别桥镇　村（居委会）：集镇		
	小地名：集镇（桥西）虔庙村 18 号院内		
	纵坐标：E119°　27′　32.05″	横坐标：N31°　33′　22.79″	
树龄	真实树龄：　年	估测树龄：205 年	
古树等级	三级	树高 9 米	胸径：29+11 厘米
冠幅	平均：5.5 米	东西：6 米	南北：5 米
立地条件	海拔：5 米　坡向：无　坡度：　度　坡位：平地　土壤名称：水稻土		
生长势	正常株	生长环境	差
影响生长环境因素	古树周边为村镇建设用地，树栽于一个旧房天井（3 米 ×3 米）内，用青条石砌成一内部 1 米 ×1 米 ×1.2 米见方花池，土壤的透水、透气性一般，花池下有一水井，湿度很大，白色树根从石缝内长出。		
现存状态	正常		
树木特殊状况描述	树干 2 米处二分叉，树干光洁无疤痕，已结果。		
地上保护现状	砌树池		

瓜子黄杨
古树编号：32048100029

古树名木每木调查表

古树编号	32048100029	县（市、区）	溧阳市
树种	中文名：瓜子黄杨　拉丁名：*Buxus sinica(Rehd. Et Wils)* Chengex M. Cheng		
	科：黄杨科　属：黄杨属		
位置	乡镇：上兴镇　村（居委会）：集镇		
	小地名：集镇原镇政府院内		
	纵坐标：E119° 15′ 0.43″	横坐标：N31° 31′ 39.85″	
树龄	真实树龄：　年	估测树龄：255 年	
古树等级	三级	树高 4.5 米	胸径：38.5 厘米（地径）
冠幅	平均：8 米	东西：8 米	南北：8 米
立地条件	海拔：8 米　坡向：无　坡度：　度　坡位：平地　土壤名称：黄棕壤		
生长势	正常株	生长环境	差
影响生长环境因素	古树周边为工业用地，树根周围为水泥地，空出一直径 2.5 米空地，土壤的透水、透气性一般，无虫口，枝干无蛀孔，长势良好。		
现存状态	正常		
树木特殊状况描述	地径 39 厘米，基部三分叉，东侧枝 15.1 厘米，北侧枝 16.6 厘米，西南侧枝 16.4 厘米，树干光洁无疤痕，已结果。		
地上保护现状	无		

板栗
古树编号：32048100030

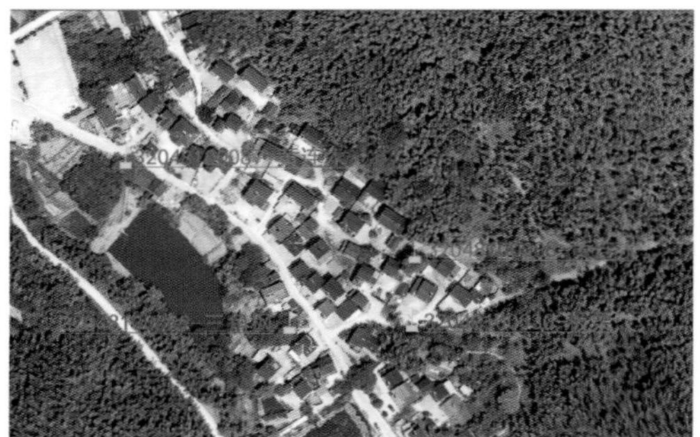

古树名木每木调查表

<table>
<tr><td>古树编号</td><td colspan="2">32048100030</td><td colspan="2">县（市、区）</td><td colspan="2">溧阳市</td></tr>
<tr><td rowspan="2">树种</td><td colspan="6">中文名：板栗　　拉丁名：Castanea mollissima Blume</td></tr>
<tr><td colspan="6">科：壳斗科　　属：栗属</td></tr>
<tr><td rowspan="3">位置</td><td colspan="6">乡镇：天目湖镇　　村（居委会）：梅岭村</td></tr>
<tr><td colspan="6">小地名：梅岭村69号前</td></tr>
<tr><td colspan="3">纵坐标：E119°　24′　24.50″</td><td colspan="3">横坐标：N31°　11′　7.73″</td></tr>
<tr><td>树龄</td><td colspan="3">真实树龄：　　年</td><td colspan="3">估测树龄：155年</td></tr>
<tr><td>古树等级</td><td colspan="2">三级</td><td colspan="2">树高8.5米</td><td colspan="2">胸径：50厘米</td></tr>
<tr><td>冠幅</td><td colspan="2">平均：9米</td><td colspan="2">东西：7米</td><td colspan="2">南北：10米</td></tr>
<tr><td>立地条件</td><td colspan="6">海拔：90米　坡向：无　坡度：　度　坡位：平地　土壤名称：黄棕壤</td></tr>
<tr><td>生长势</td><td colspan="2">衰弱株</td><td colspan="2">生长环境</td><td colspan="2">良好</td></tr>
<tr><td>影响生长环境因素</td><td colspan="6">古树周边为村镇建设用地，树根周围为空地，新铺楼板离树干太近，影响较大。土壤的透水、透气性较好，树侧为水沟，树根裸露。</td></tr>
<tr><td>现存状态</td><td colspan="6">伤残</td></tr>
<tr><td>树木特殊状况描述</td><td colspan="6">树干3米处分叉，侧枝没有主顶，部分侧枝已腐烂，现有树枝均为侧枝萌生。</td></tr>
<tr><td>地上保护现状</td><td colspan="6">支撑，防腐处理</td></tr>
</table>

青冈栎
古树编号：32048100032

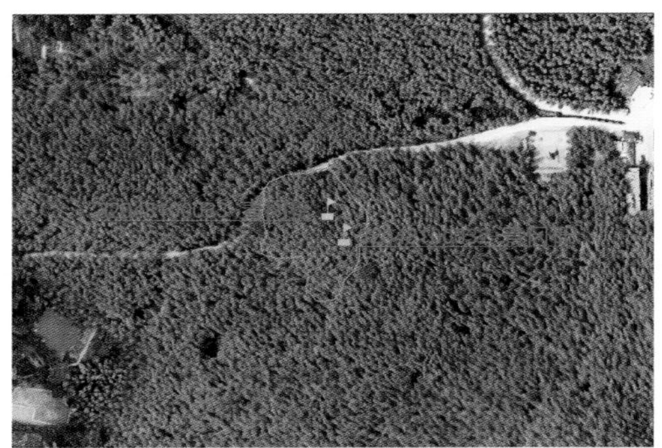

古树名木每木调查表

<table>
<tr><td>古树编号</td><td>32048100032</td><td>县（市、区）</td><td>溧阳市</td></tr>
<tr><td rowspan="2">树 种</td><td colspan="3">中文名：青冈栎　拉丁名：Cyclobalanopsis glauca(Thunb.) Oerst.</td></tr>
<tr><td colspan="3">科：壳斗科　属：青冈属</td></tr>
<tr><td rowspan="3">位置</td><td colspan="3">乡镇：龙潭林场</td></tr>
<tr><td colspan="3">小地名：深溪岕古松园内上侧</td></tr>
<tr><td colspan="3">纵坐标 :E119° 30′ 19.68″　横坐标：N31° 10′ 47.42″</td></tr>
<tr><td>树龄</td><td>真实树龄：　年</td><td colspan="2">估测树龄：105 年</td></tr>
<tr><td>古树等级</td><td>三级</td><td>树高：10 米</td><td>胸径：45 厘米</td></tr>
<tr><td>冠幅</td><td>平均：7.5 米</td><td>东西：8 米</td><td>南北：7 米</td></tr>
<tr><td>立地条件</td><td colspan="3">海拔：158 米　坡向：北　坡度：22 度　坡位：中　土壤名称：黄棕壤</td></tr>
<tr><td>生长势</td><td>正常株</td><td>生长环境</td><td>良好</td></tr>
<tr><td>影响生长环境因素</td><td colspan="3">古树周边为自然林地，土壤的透水、透气性较好。</td></tr>
<tr><td>现存状态</td><td colspan="3">正常</td></tr>
<tr><td>树木特殊状况描述</td><td colspan="3">树干有明显主干，树干光洁，树基部向上 20 厘米处有一腐烂孔，树干 4 米处有一直径 20 厘米腐烂孔，树干顶部主梢枯死。</td></tr>
<tr><td>地上保护现状</td><td colspan="3">防腐处理、清杂</td></tr>
</table>

青冈栎

古树编号：32048100033

古树名木每木调查表

古树编号	32048100033	县（市、区）	溧阳市		
树 种	中文名：青冈栎　拉丁名：*Cyclobalanopsis glauca(Thunb.)* Oerst.				
	科：壳斗科　属：青冈属				
位置	乡镇：龙潭林场				
	小地名：深溪岕古松园内下侧				
	纵坐标：E119°　30′　18.26″		横坐标：N31°　10′　48.81″		
树龄	真实树龄：　年		估测树龄：100 年		
古树等级	三级	树高：12 米		胸径：47 厘米	
冠幅	平均：8.5 米	东西：9 米		南北：8 米	
立地条件	海拔：158 米	坡向：北	坡度：21 度	坡位：中	土壤名称：黄棕壤
生长势	正常株	生长环境		良好	
影响生长环境因素	古树周边为竹林，土壤的透水、透气性较好。				
现存状态	正常				
树木特殊状况描述	树干有明显主干，树干光洁，树基部向上50厘米处有一10厘米×20厘米腐烂孔。				
地上保护现状	防腐处理、清杂				

麻栎
古树编号：32048100034

古树名木每木调查表

古树编号	32048100034	县（市、区）	溧阳市
树 种	中文名：麻栎　拉丁名：*Quercus acutissima* Carruth.		
	科：壳斗科　属：栎属		
位置	乡镇：别桥镇　村（居委会）：西马村		
	小地名：下梅村村口路边（原粮站西侧路边）		
	纵坐标：E119° 22′ 7.52″	横坐标：N31° 32′ 26.48″	
树龄	真实树龄：　年	估测树龄：105 年	
古树等级	三级	树高：14.9 米	胸径：64 厘米
冠幅	平均：15 米	东西：15 米	南北：15 米
立地条件	海拔：6 米　坡向：无　坡度：　度　坡位：平地　土壤名称：水稻土		
生长势	正常株	生长环境	差
影响生长环境因素	古树周边为村镇建设用地，基部为花池，西侧为水泥路，其他为水泥场地，土壤的透水、透气性一般。		
现存状态	正常		
树木特殊状况描述	树干 6 米处分叉，树干光洁无疤痕，树冠生长匀称，有少部分枯枝。		
地上保护现状	砌树池		

栓皮栎
古树编号：32048100035

古树名木每木调查表

古树编号	32048100035	县（市、区）	溧阳市
树种	中文名：栓皮栎　拉丁名：*Quercus variabilis* Bl.		
	科：壳斗科　属：栎属		
位置	乡镇：天目湖镇　村（居委会）：平桥村		
	小地名：雪飞岭村48号西		
	纵坐标：E119° 26′ 53.00″　横坐标：N31° 11′ 51.23″		
树龄	真实树龄：　年	估测树龄：205年	
古树等级	三级	树高：13.7米	胸径：94厘米
冠幅	平均：12.5米	东西：11米	南北：14米
立地条件	海拔：120米　坡向：无　坡度：　度　坡位：平地　土壤名称：黄棕壤		
生长势	衰弱株	生长环境	差
影响生长环境因素	古树周边为村镇建设用地，基部在道路中间，土壤的透水、透气性一般。因道路降坡，古树基部被掏空，严重影响树势。		
现存状态	伤残		
树木特殊状况描述	树干7米处二分叉，树冠主枝无顶，侧枝萌生小枝条，根部在路中间，严重裸露。		
地上保护现状	防腐处理		

榔榆
古树编号：32048100037

古树名木每木调查表

古树编号	32048100037	县（市、区）	溧阳市
树 种	中文名：榔榆　拉丁名：*Ulmus parvifolia* Jacq.		
	科：榆科　属：榆属		
位置	乡镇：别桥镇　村（居委会）：塘马村		
	小地名：塘马村 13 号西侧塘边		
	纵坐标 :E119° 22′ 16.12″	横坐标：N31° 35′ 2.45″	
树龄	真实树龄：　年	估测树龄：125 年	
古树等级	三级	树高：10.1 米	胸径：55+43 厘米
冠幅	平均：16 米	东西：17 米	南北：15 米
立地条件	海拔：5 米　坡向：无　坡度：　度　坡位：平地　土壤名称：水稻土		
生长势	正常株	生长环境	良好
影响生长环境因素	古树周边为村镇建设用地，南侧为塘，北侧为水泥路，土壤的透水、透气性一般。塘侧已进行块石驳岸和回土。		
现存状态	正常		
树木特殊状况描述	树干光洁无疤痕，根部有一围 98 厘米侧枝，其 2 米处有一树洞，距地 1 米处有一向南侧枝，树干整体向西南倾斜 45 度，无病虫害，树形较美。		
地上保护现状	驳岸		

濮阳市古树名木
榔榆

榉树
古树编号：32048100043

古树名木每木调查表

古树编号	32048100043	县（市、区）	溧阳市
树种	中文名：榉树　拉丁名：*Zelkova serrata (Thunb.)*Makino		
	科：榆科　属：榉属		
位置	乡镇：戴埠镇　村（居委会）：横涧村		
	小地名：蒋家村5号房后（横涧集镇向深溪岕路左边）		
	纵坐标：E119° 29′ 50.66″	横坐标：N31° 12′ 11.37″	
树龄	真实树龄：　年	估测树龄：155年	
古树等级	三级	树高：17.5米	胸径：93厘米
冠幅	平均：15.5米	东西：15米	南北：16米
立地条件	海拔：69米　坡向：无　坡度：　度　坡位：平地　土壤名称：黄棕壤		
生长势	正常株	生长环境	良好
影响生长环境因素	古树周边为村镇建设用地，在石子路西侧，土壤的透水、透气性较好。		
现存状态	正常		
树木特殊状况描述	树干通直，光洁无疤痕，树干5.5米处向上多分叉，侧枝较多，有一何首乌共生。		
地上保护现状	清枯枝		

榉树
古树编号：32048100047

古树名木每木调查表

古树编号	32048100047	县（市、区）	溧阳市
树 种	中文名：榉树　拉丁名：*Zelkova serrata (Thunb.)*Makino		
	科：榆科　属：榉属		
位置	乡镇：戴埠镇　村（居委会）：松岭村		
	小地名：松岭村 206 号西侧路边庙旁（王家村东侧 100 米），二榉树相距 6 米，本树在西侧		
	纵坐标：E119° 28′ 4.30″	横坐标：N31° 10′ 21.58″	
树龄	真实树龄：　年	估测树龄：255 年	
古树等级	三级	树高：14.5 米	胸径：79 厘米
冠幅	平均：17 米	东西：15 米	南北：19 米
立地条件	海拔：122 米　坡向：无　坡度：　度　坡位：平地　土壤名称：黄棕壤		
生长势	正常株	生长环境	良好
影响生长环境因素	古树周边为村镇建设用地，南侧为水沟，北侧为小庙，土壤的透水、透气性较好。		
现存状态	正常		
树木特殊状况描述	树干 3 米处三分叉，通直无疤痕，侧枝无明显主梢，北面主侧枝有疤痕，3 米处有腐烂孔，南侧分叉已经枯死。		
地上保护现状	枯枝清理		

榉树
古树编号：32048100048

古树名木每木调查表

古树编号	32048100048	县（市、区）	溧阳市
树种	中文名：榉树　拉丁名：*Zelkova serrata (Thunb.)*Makino		
	科：榆科　属：榉属		
位置	乡镇：戴埠镇　村（居委会）：松岭村		
	小地名：红庙村 49 号侧		
	纵坐标：E119° 28′ 36.21″	横坐标：N31° 10′ 41.20″	
树龄	真实树龄：　年	估测树龄：205 年	
古树等级	三级	树高：12.2 米	胸径：81 厘米
冠幅	平均：15 米	东西：13 米	南北：17 米
立地条件	海拔：105 米　坡向：无　坡度：　度　坡位：平地　土壤名称：黄棕壤		
生长势	正常株	生长环境	良好
影响生长环境因素	古树周边为村镇建设用地，东侧为房，与古树距离较近，对古树有影响，土壤的透水、透气性一般。		
现存状态	正常		
树木特殊状况描述	树干 2 米处分叉，通直，光洁无疤痕，东边主侧枝基部有一孔径约 13 厘米的腐烂孔，主干东南侧有一刻槽（从基部向上 2 米），分叉处有一朝天洞。		
地上保护现状			

榉树
古树编号：32048100049

古树名木每木调查表

<table>
<tr><td>古树编号</td><td>32048100049</td><td>县（市、区）</td><td colspan="2">溧阳市</td></tr>
<tr><td rowspan="2">树 种</td><td colspan="4">中文名：榉树　　拉丁名：Zelkova serrata (Thunb.)Makino</td></tr>
<tr><td colspan="4">科：榆科　　属：榉属</td></tr>
<tr><td rowspan="3">位置</td><td colspan="4">乡镇：戴埠镇　　村（居委会）：松岭村</td></tr>
<tr><td colspan="4">小地名：钱家基村48号侧</td></tr>
<tr><td colspan="2">纵坐标：E119° 28′ 44.63″</td><td colspan="2">横坐标：N31° 11′ 16.74″</td></tr>
<tr><td>树龄</td><td colspan="2">真实树龄：　年</td><td colspan="2">估测树龄：105年</td></tr>
<tr><td>古树等级</td><td>三级</td><td>树高：14.5米</td><td colspan="2">胸径：69厘米</td></tr>
<tr><td>冠幅</td><td>平均：15米</td><td>东西：13米</td><td colspan="2">南北：17米</td></tr>
<tr><td>立地条件</td><td colspan="4">海拔：92米　坡向：无　坡度：　度　坡位：平地　土壤名称：黄棕壤</td></tr>
<tr><td>生长势</td><td>正常株</td><td>生长环境</td><td colspan="2">良好</td></tr>
<tr><td>影响生长环境因素</td><td colspan="4">古树周边为村镇建设用地，东侧、南侧为水泥路，土壤的透水、透气性较好。</td></tr>
<tr><td>现存状态</td><td colspan="4">正常</td></tr>
<tr><td>树木特殊状况描述</td><td colspan="4">树干2.5米处六分叉，通直，光洁无疤痕。</td></tr>
<tr><td>地上保护现状</td><td colspan="4">无</td></tr>
</table>

榉树
古树编号：32048100051

古树名木每木调查表

古树编号	32048100051	县（市、区）	溧阳市
树 种	中文名：榉树　拉丁名：*Zelkova serrata (Thunb.)*Makino		
	科：榆科　属：榉属		
位置	乡镇：昆仑街办　村（居委会）：北水西村		
	小地名：田尺芥村 19 号东侧塘边		
	纵坐标：E119°　26′　7.46″	横坐标：N31°　25′　13.39″	
树龄	真实树龄：　年	估测树龄：115 年	
古树等级	三级	树高：13 米	胸径：77 厘米
冠幅	平均：17 米	东西：16 米	南北：18 米
立地条件	海拔：26 米　坡向：无　坡度：　度　坡位：平地　土壤名称：水稻土		
生长势	正常株	生长环境	良好
影响生长环境因素	古树周边为林地，东侧为塘，西侧为房，土壤的透水、透气性较好。		
现存状态	正常		
树木特殊状况描述	田尺芥村已经拆迁，古树位于焦尾琴隧道东侧 200 米。		
地上保护现状	无		

榉树
古树编号：32048100052

古树名木每木调查表

古树编号	32048100052	县（市、区）	溧阳市
树 种	中文名：榉树　　拉丁名：*Zelkova serrata (Thunb.)*Makino		
	科：榆科　　属：榉属		
位置	乡镇：溧城街办　　村（居委会）：八字桥村		
	小地名：礼诗村万金桥西侧		
	纵坐标：E119°　32′　24.92″	横坐标：N31°　25′　39.17″	
树龄	真实树龄：　　年	估测树龄：115 年	
古树等级	三级	树高：6 米	胸径：30 厘米
冠幅	平均：6 米	东西：6 米	南北：6 米
立地条件	海拔：3 米　坡向：无　坡度：　度　坡位：平地　土壤名称：水稻土		
生长势	衰弱株	生长环境	差
影响生长环境因素	古树周边为村镇建设用地，现为村休闲场所，土壤的透水、透气性一般。四周大树对古树生长有影响。		
现存状态	正常		
树木特殊状况描述	主枝已枯死，整树只有一个侧枝存活，树干从顶至基部形成腐烂孔。		
地上保护现状	砌树池		

榉树
古树编号：32048100053

古树名木每木调查表

古树编号	32048100053	县（市、区）	溧阳市
树种	中文名：榉树　拉丁名：*Zelkova serrata* (*Thunb.*)Makino		
	科：榆科　属：榉属		
位置	乡镇：昆仑街办　村（居委会）：毛场村		
	小地名：沙涨村公共绿地东侧门前		
	纵坐标：E119° 28′ 35.30″　横坐标：N31° 28′ 48.36″		
树龄	真实树龄：　年	估测树龄：105 年	
古树等级	三级	树高：10 米	胸径：66 厘米
冠幅	平均：7 米	东西：7 米	南北：7 米
立地条件	海拔：4 米　坡向：无　坡度：　度　坡位：平地　土壤名称：水稻土		
生长势	衰弱株	生长环境	差
影响生长环境因素	古树周边为村镇建设用地，北侧有水泥路，南侧为水泥场地，土壤的透水、透气性较差。		
现存状态	正常		
树木特殊状况描述	主干 2 米处二分枝，有一 15 厘米枯枝，树梢末端已出现枯梢。		
地上保护现状	防腐处理		

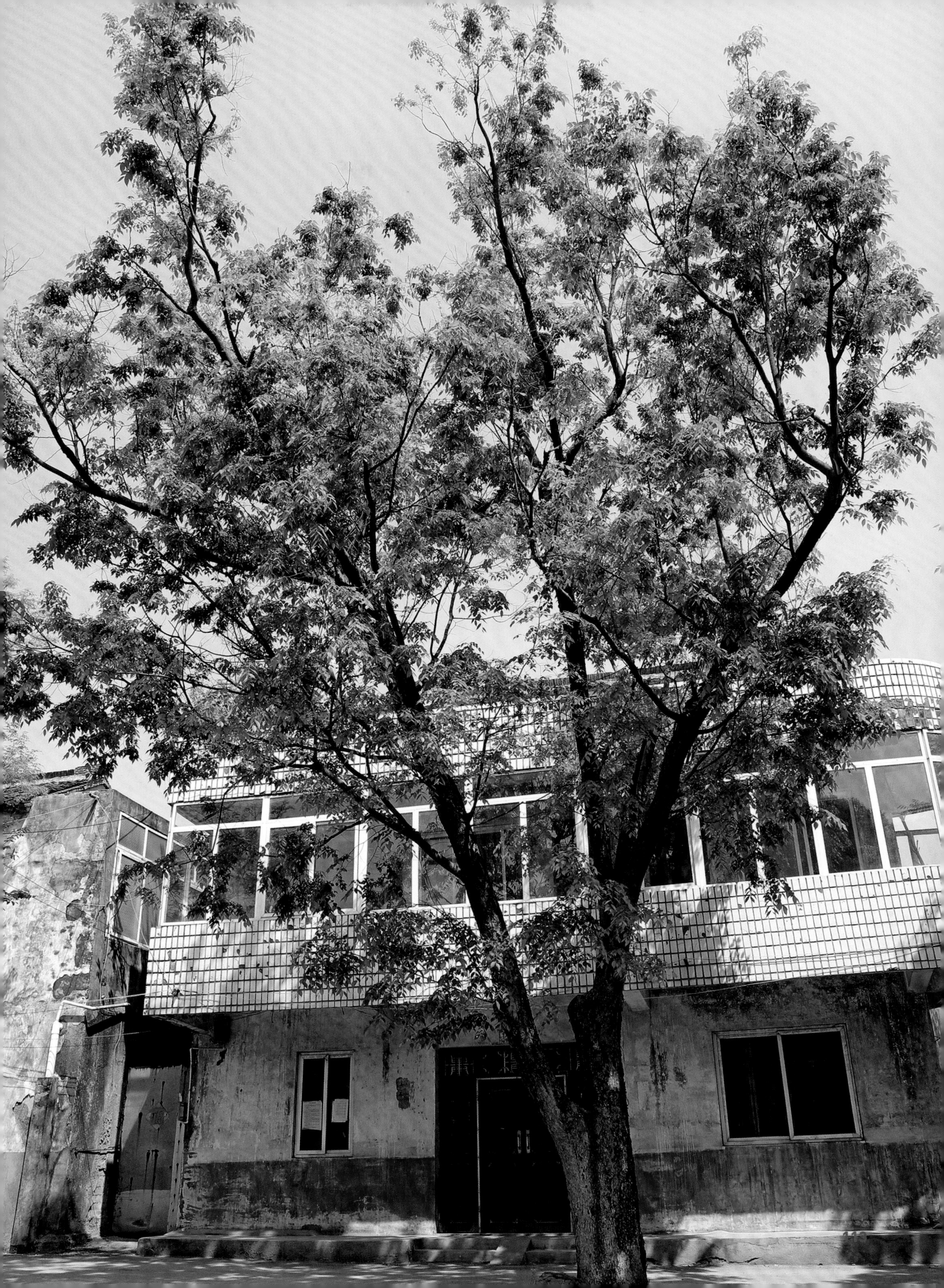

榉树
古树编号：32048100054

古树名木每木调查表

古树编号	32048100054	县（市、区）	溧阳市
树 种	中文名：榉树 拉丁名：*Zelkova serrata (Thunb.)*Makino		
	科：榆科 属：榉属		
位置	乡镇：天目湖镇 村（居委会）：平桥村		
	小地名：雪飞岭村 48 号西（栓皮栎东侧）		
	纵坐标：E119° 26′ 52.6″	横坐标：N31° 11′ 51.0″	
树龄	真实树龄： 年	估测树龄：205 年	
古树等级	三级	树高：20 米	胸径：80 厘米
冠幅	平均：15 米	东西：16 米	南北：14 米
立地条件	海拔：120 米 坡向：无 坡度： 度 坡位：平地 土壤名称：黄棕壤		
生长势	正常株	生长环境	良好
影响生长环境因素	古树周边为自然林地，土壤的透水、透气性较好。		
现存状态	正常		
树木特殊状况描述	树干通直，主干 8 米处三分枝，树干光滑无蛀孔。		
地上保护现状	无		

榉树
古树编号：32048100055

古树名木每木调查表

古树编号	32048100055	县（市、区）	溧阳市
树种	中文名：榉树　拉丁名：*Zelkova serrata (Thunb.)*Makino		
	科：榆科　属：榉属		
位置	乡镇：昆仑街办　村（居委会）：毛场村		
	小地名：沙涨村绿地南侧原会堂前		
	纵坐标：E119°　28′　33.04″　横坐标：N31°　28′　47.56″		
树龄	真实树龄：　年	估测树龄：105 年	
古树等级	三级	树高：12.5 米	胸径：72 厘米
冠幅	平均：18 米	东西：15 米	南北：21 米
立地条件	海拔：4 米　坡向：无　坡度：　度　坡位：平地　土壤名称：水稻土		
生长势	正常株	生长环境	良好
影响生长环境因素	古树周边为村镇建设用地，北侧有水泥路，南侧为水泥场地，土壤的透水、透气性较差。		
现存状态	正常		
树木特殊状况描述	主干 2 米处四分枝，无腐孔无虫蛀。		
地上保护现状	无		

榉树
古树编号：32048100056

古树名木每木调查表

古树编号	32048100056	县（市、区）	溧阳市
树种	中文名：榉树　拉丁名：*Zelkova serrata (Thunb.)*Makino		
	科：榆科　属：榉属		
位置	乡镇：昆仑街办　村（居委会）：杨庄村		
	小地名：柩巷村 75 号门前		
	纵坐标：E119° 29′ 39.83″　横坐标：N31° 29′ 19.56″		
树龄	真实树龄：　年	估测树龄：155 年	
古树等级	三级	树高：7.7 米	胸径：81 厘米
冠幅	平均：7 米	东西：米	南北：米
立地条件	海拔：5 米　坡向：无　坡度：　度　坡位：平地　土壤名称：水稻土		
生长势	濒危株	生长环境	良好
影响生长环境因素	古树周边为村镇建设用地，北侧有水泥路，南侧为水泥场地，土壤的透水、透气性较差。		
现存状态	伤残		
树木特殊状况描述	主干 3.5 米，树冠中空，上部树根裸露。仅剩主枝于 2014 年 9 月吹断。		
地上保护现状			

榉树
古树编号：32048100057

古树名木每木调查表

古树编号	32048100057	县（市、区）	溧阳市
树 种	中文名：榉树 拉丁名：*Zelkova serrata (Thunb.)*Makino		
	科：榆科 属：榉属		
位置	乡镇：昆仑街办 村（居委会）：杨庄村		
	小地名：石塘村 85 号东侧		
	纵坐标：E119° 29′ 44.87″	横坐标：N31° 29′ 40.46″	
树龄	真实树龄： 年	估测树龄：125 年	
古树等级	三级	树高：14.7 米	胸径：103 厘米
冠幅	平均：21 米	东西：23 米	南北：18 米
立地条件	海拔：4 米 坡向：无 坡度： 度 坡位：平地 土壤名称：水稻土		
生长势	正常株	生长环境	良好
影响生长环境因素	古树周边为村镇建设用地，树干周围被水泥路覆盖，东侧为塘，土壤的透水、透气性较差。		
现存状态	正常		
树木特殊状况描述	主干八分叉，无腐烂现象，树南侧有一株 80 多年的朴树，长势良好。		
地上保护现状	围栏、枯枝清理		

榉树
古树编号：32048100058

古树名木每木调查表

<table>
<tr><td>古树编号</td><td colspan="2">32048100058</td><td colspan="2">县（市、区）</td><td>溧阳市</td></tr>
<tr><td rowspan="2">树 种</td><td colspan="5">中文名：榉树　拉丁名：Zelkova serrata (Thunb.)Makino</td></tr>
<tr><td colspan="5">科：榆科　属：榉属</td></tr>
<tr><td rowspan="3">位置</td><td colspan="5">乡镇：天目湖镇　村（居委会）：梅岭村</td></tr>
<tr><td colspan="5">小地名：东山滨村 45 号前（竹器厂）</td></tr>
<tr><td colspan="3">纵坐标：E119°　23′　37.68″</td><td colspan="2">横坐标：N31°　11′　25.38″</td></tr>
<tr><td>树龄</td><td colspan="2">真实树龄：　年</td><td colspan="3">估测树龄：105 年</td></tr>
<tr><td>古树等级</td><td colspan="2">三级</td><td colspan="2">树高：14.6 米</td><td>胸径：56 厘米</td></tr>
<tr><td>冠幅</td><td colspan="2">平均：13 米</td><td colspan="2">东西：14 米</td><td>南北：12 米</td></tr>
<tr><td>立地条件</td><td colspan="5">海拔：55 米　坡向：无　坡度：　度　坡位：平地　土壤名称：黄棕壤</td></tr>
<tr><td>生长势</td><td colspan="2">正常株</td><td colspan="2">生长环境</td><td>良好</td></tr>
<tr><td>影响生长环境因素</td><td colspan="5">古树周边为村镇建设用地，土壤的透水、透气性较好。</td></tr>
<tr><td>现存状态</td><td colspan="5">正常</td></tr>
<tr><td>树木特殊状况描述</td><td colspan="5">树干通直，光洁无疤痕。</td></tr>
<tr><td>地上保护现状</td><td colspan="5">无</td></tr>
</table>

榉树
古树编号：32048100059

古树名木每木调查表

古树编号	32048100059	县（市、区）	溧阳市
树 种	中文名：榉树　拉丁名：*Zelkova serrata (Thunb.)*Makino		
	科：榆科　属：榉属		
位置	乡镇：天目湖镇　村（居委会）：梅岭村		
	小地名：东山滨村进村路下		
	纵坐标：E119°　23′　35.04″	横坐标：N31°　11′　26.16″	
树龄	真实树龄：　年	估测树龄：205 年	
古树等级	三级	树高：13.2 米	胸径：65 厘米
冠幅	平均：10 米	东西：10 米	南北：10 米
立地条件	海拔：53 米　坡向：无　坡度：　度　坡位：平地　土壤名称：黄棕壤		
生长势	正常株	生长环境	良好
影响生长环境因素	古树周边为村镇建设用地，土壤的透水、透气性较好。		
现存状态	正常		
树木特殊状况描述	树干通直，3 米处二分叉，长势较好，树基部有一腐烂孔。		
地上保护现状	挡土墙		

榉树
古树编号：32048100060

古树名木每木调查表

古树编号	32048100060	县（市、区）	溧阳市
树种	中文名：榉树　拉丁名：*Zelkova serrata (Thunb.)*Makino		
	科：榆科　属：榉属		
位置	乡镇：天目湖镇　村（居委会）：梅岭村		
	小地名：东山滨村进村路中		
	纵坐标：E119° 23′ 34.85″　横坐标：N31° 11′ 26.67″		
树龄	真实树龄：　年	估测树龄：105 年	
古树等级	三级	树高：14.4 米	胸径：45 厘米
冠幅	平均：13 米	东西：12 米	南北：14 米
立地条件	海拔：54 米　坡向：无　坡度：　度　坡位：平地　土壤名称：黄棕壤		
生长势	正常株	生长环境	良好
影响生长环境因素	古树周边为村镇建设用地，土壤的透水、透气性较好。		
现存状态	正常		
树木特殊状况描述	树干通直光滑，3 米处二分叉，树基部有一 5 厘米 ×15 厘米腐烂孔。		
地上保护现状	挡土墙		

榉树
古树编号：32048100061

古树名木每木调查表

古树编号	32048100061	县（市、区）	溧阳市
树种	中文名：榉树　拉丁名：*Zelkova serrata (Thunb.)*Makino		
	科：榆科　属：榉属		
位置	乡镇：天目湖镇　村（居委会）：梅岭村		
	小地名：东山滨村进村路上		
	纵坐标：E119° 23′ 35.04″	横坐标：N31° 11′ 26.84″	
树龄	真实树龄：　年	估测树龄：205 年	
古树等级	三级	树高：11.5 米	胸径：47 厘米
冠幅	平均：9 米	东西：9 米	南北：9 米
立地条件	海拔：55 米　坡向：无　坡度：　度　坡位：平地　土壤名称：黄棕壤		
生长势	衰弱株	生长环境	良好
影响生长环境因素	古树周边为村镇建设用地，土壤的透水、透气性较好。		
现存状态	正常		
树木特殊状况描述	树干通直光滑，2 米处二分叉，树根裸露，树基部有一 0.3 平方米腐烂孔。		
地上保护现状	挡土墙		

榉树
古树编号：32048100062

古树名木每木调查表

古树编号	32048100062	县（市、区）	溧阳市
树 种	中文名：榉树　拉丁名：*Zelkova serrata (Thunb.)*Makino		
	科：榆科　属：榉属		
位置	乡镇：天目湖镇　村（居委会）：吴村村		
	小地名：白土塘村48号前		
	纵坐标：E119° 23′ 55.85″	横坐标：N31° 14′ 0.75″	
树龄	真实树龄：　年	估测树龄：135年	
古树等级	三级	树高：12米	胸径：71厘米
冠幅	平均：12.5米	东西：13米	南北：12米
立地条件	海拔：33米　坡向：无　坡度：　度　坡位：平地　土壤名称：黄棕壤		
生长势	衰弱株	生长环境	良好
影响生长环境因素	古树周边为村镇建设用地，土壤的透水、透气性较好。		
现存状态	正常		
树木特殊状况描述	树干3米处东叉枝已枯死，4米处北侧有一枝已死亡，基部有一大腐烂孔，已腐至木质部。		
地上保护现状	防腐处理		

糙叶树
古树编号：32048100065

古树名木每木调查表

古树编号	32048100065	县（市、区）	溧阳市
树种	中文名：糙叶树　拉丁名：*Aphananthe aspera (Thunb.)* Planch.		
	科：榆科　属：糙叶树属		
位置	乡镇：戴埠镇　村（居委会）：山口村		
	小地名：崔芥村1号路边		
	纵坐标：E119° 27′ 38.28″		横坐标：N31° 16′ 24.35″
树龄	真实树龄：　年		估测树龄：105 年
古树等级	三级	树高：15.3 米	胸径：109 厘米
冠幅	平均：16.5 米	东西：17 米	南北：16 米
立地条件	海拔：60 米　坡向：　坡度：20 度　坡位：下　土壤名称：黄棕壤		
生长势	正常株	生长环境	良好
影响生长环境因素	古树周边为村镇建设用地，土壤的透水、透气性一般，北侧有一小庙。		
现存状态	正常		
树木特殊状况描述	树干5米处二分叉，向上分叉较多，树干凹凸形扁平，主干基部向上西侧有一宽10厘米、深30米的腐烂孔。		
地上保护现状	围栏		

糙叶树
古树编号：32048100066

古树名木每木调查表

<table>
<tr><td>古树编号</td><td>32048100066</td><td>县（市、区）</td><td>溧阳市</td></tr>
<tr><td rowspan="2">树 种</td><td colspan="3">中文名：糙叶树　拉丁名：Aphananthe aspera (Thunb.) Planch.</td></tr>
<tr><td colspan="3">科：榆科　属：糙叶树属</td></tr>
<tr><td rowspan="3">位置</td><td colspan="3">乡镇：昆仑街办　村（居委会）：毛场村</td></tr>
<tr><td colspan="3">小地名：沙涨村尚书墓东侧</td></tr>
<tr><td colspan="3">纵坐标：E119° 28′ 25.00″　横坐标：N31° 28′ 45.18″</td></tr>
<tr><td>树龄</td><td colspan="3">真实树龄：　年　估测树龄：115 年</td></tr>
<tr><td>古树等级</td><td colspan="3">三级　树高：13 米　胸径：82 厘米</td></tr>
<tr><td>冠幅</td><td colspan="3">平均：17 米　东西：17 米　南北：16 米</td></tr>
<tr><td>立地条件</td><td colspan="3">海拔：6 米　坡向：无　坡度：　度　坡位：平地　土壤名称：水稻土</td></tr>
<tr><td>生长势</td><td>正常株</td><td>生长环境</td><td>良好</td></tr>
<tr><td>影响生长环境因素</td><td colspan="3">古树周边为村镇建设用地，在墓地内，土壤的透水、透气性较好。</td></tr>
<tr><td>现存状态</td><td colspan="3">正常</td></tr>
<tr><td>树木特殊状况描述</td><td colspan="3">每年 4 月开花，树干 3.5 米处三分叉，树干灰白色，多纵向沟，很深，达 15 厘米以上。</td></tr>
<tr><td>地上保护现状</td><td colspan="3">围墙</td></tr>
</table>

糙叶树
古树编号：32048100067

古树名木每木调查表

<table>
<tr><td>古树编号</td><td>32048100067</td><td colspan="2">县（市、区）</td><td colspan="2">溧阳市</td></tr>
<tr><td rowspan="2">树 种</td><td colspan="5">中文名：糙叶树　　拉丁名：Aphananthe aspera (Thunb.) Planch.</td></tr>
<tr><td colspan="5">科：榆科　　属：糙叶树属</td></tr>
<tr><td rowspan="3">位置</td><td colspan="5">乡镇：昆仑街办　　村（居委会）：毛场村</td></tr>
<tr><td colspan="5">小地名：沙涨村尚书墓围墙外北侧</td></tr>
<tr><td colspan="3">纵坐标：E119°　28′　23.70″</td><td colspan="2">横坐标：N31°　28′　47.26″</td></tr>
<tr><td>树龄</td><td colspan="2">真实树龄：　　年</td><td colspan="3">估测树龄：125 年</td></tr>
<tr><td>古树等级</td><td colspan="2">三级</td><td colspan="2">树高：10.5 米</td><td>胸径：44 厘米</td></tr>
<tr><td>冠幅</td><td colspan="2">平均：6 米</td><td colspan="2">东西：6 米</td><td>南北：6 米</td></tr>
<tr><td>立地条件</td><td colspan="5">海拔：6 米　　坡向：无　　坡度：　度　　坡位：平地　　土壤名称：水稻土</td></tr>
<tr><td>生长势</td><td colspan="2">正常株</td><td colspan="2">生长环境</td><td>良好</td></tr>
<tr><td>影响生长环境因素</td><td colspan="5">古树周边为农田，土壤的透水、透气性较好。</td></tr>
<tr><td>现存状态</td><td colspan="5">正常</td></tr>
<tr><td>树木特殊状况描述</td><td colspan="5">树干基部二分叉，大枝 3 米处有一小枝已枯朽，距另一古朴树 3 米远。</td></tr>
<tr><td>地上保护现状</td><td colspan="5">枯枝清理</td></tr>
</table>

糙叶树
古树编号：32048100068

古树名木每木调查表

古树编号	32048100068	县（市、区）	溧阳市
树 种	中文名：糙叶树　拉丁名：*Aphananthe aspera (Thunb.)* Planch.		
	科：榆科　属：糙叶树属		
位置	乡镇：天目湖镇　村（居委会）：杨村村		
	小地名：锁山村 51 号前 (240 镇广线边)		
	纵坐标：E119° 27′ 11.79″　横坐标：N31° 13′ 46.33″		
树龄	真实树龄：　年	估测树龄：235 年	
古树等级	三级	树高：12.7 米	胸径：95 厘米
冠幅	平均：13.5 米	东西：13 米	南北：14 米
立地条件	海拔：64 米　坡向：　坡度：　度　坡位：　土壤名称：黄棕壤		
生长势	正常株	生长环境	良好
影响生长环境因素	古树周边为村镇建设用地，马路一侧为块石挡土墙，北侧为小庙，树基部有小块水泥场，土壤的透水、透气性较好。		
现存状态	正常		
树木特殊状况描述	树干 1 米处二分叉，光洁无疤痕，树形好，分枝较多，距地面 35 厘米处长有木灵芝一个。		
地上保护现状	石挡土墙		

朴树
古树编号：32048100069

古树名木每木调查表

古树编号	32048100069	县（市、区）	溧阳市
树种	中文名：朴树　　拉丁名：*Celtis sinensis* Pers.		
	科：榆科　　属：朴属		
位置	乡镇：埭头镇　　村（居委会）：埭头中学		
	小地名：埭头中学餐厅前		
	纵坐标：E119°　30′　48.22″　　横坐标：N31°　29′　58.89″		
树龄	真实树龄：　　年	估测树龄：115 年	
古树等级	三级	树高：11.5 米	胸径：75 厘米
冠幅	平均：14 米	东西：12 米	南北：16 米
立地条件	海拔：5 米　坡向：无　坡度：　度　坡位：平地　土壤名称：水稻土		
生长势	正常株	生长环境	差
影响生长环境因素	古树周边为教育设施用地，树基部有一 2 米 × 3 米树穴，外为水泥场，土壤的透水、透气性较差。		
现存状态	正常		
树木特殊状况描述	树干 2 米处分叉，树冠幅较大，树身 1 米以上生有青苔，无疤痕，有一枯枝已经腐烂，形成腐孔。		
地上保护现状	支撑、防腐处理		

护食品安全
心共筑健康校园

朴树
古树编号：32048100071

古树名木每木调查表

古树编号	32048100071	县（市、区）	溧阳市
树 种	中文名：朴树　　拉丁名：*Celtis sinensis* Pers.		
	科：榆科　　属：朴属		
位置	乡镇：戴埠镇　　村（居委会）：戴南村（原赵墅村）		
	小地名：冷水芥村11号向南500米		
	纵坐标：E119°　30′　57.34″　　横坐标：N31°　14′　52.71″		
树龄	真实树龄：　　年	估测树龄：145年	
古树等级	三级	树高：16.7米	胸径：71厘米
冠幅	平均：12.5米	东西：12.5米	南北：12.5米
立地条件	海拔：34米　坡向：无　坡度：　度　坡位：平地　土壤名称：黄棕壤		
生长势	正常株	生长环境	良好
影响生长环境因素	古树周边为农业用地，土壤的透水、透气性较好，树侧有一小庙。		
现存状态	正常		
树木特殊状况描述	主干4米处四分叉，向上分叉较多，树干光洁，侧枝有主梢。		
地上保护现状	无		

朴树
古树编号：32048100072

古树名木每木调查表

古树编号	32048100072	县（市、区）	溧阳市
树种	中文名：朴树　拉丁名：*Celtis sinensis* Pers.		
	科：榆科　属：朴属		
位置	乡镇：昆仑街办　村（居委会）：毛场村		
	小地名：沙涨村尚书墓东侧		
	纵坐标：E119° 28′ 25.13″		横坐标：N31° 28′ 45.58″
树龄	真实树龄：　年		估测树龄：105 年
古树等级	三级	树高：11.2 米	胸径：50 厘米
冠幅	平均：13 米	东西：16 米	南北：10 米
立地条件	海拔：6 米　坡向：无　坡度：　度　坡位：平地　土壤名称：水稻土		
生长势	正常株	生长环境	良好
影响生长环境因素	古树周边为非建设用地，土壤的透水、透气性较好，树东侧为围墙。		
现存状态	正常		
树木特殊状况描述	主干 2 米处二分叉，树干无腐烂、蛀洞。		
地上保护现状	围墙、枯枝清理		

常州市古树名木

朴树
古树编号：32048100073

古树名木每木调查表

古树编号	32048100073	县（市、区）	溧阳市
树 种	中文名：朴树　拉丁名：*Celtis sinensis* Pers.		
	科：榆科　属：朴属		
位置	乡镇：昆仑街办　村（居委会）：毛场村		
	小地名：沙涨村尚书墓南侧		
	纵坐标：E119°　28′　23.44″	横坐标：N31°　28′　45.54″	
树龄	真实树龄：　年	估测树龄：115 年	
古树等级	三级	树高：9.3 米	胸径：53 厘米
冠幅	平均：12.5 米	东西：12 米	南北：13 米
立地条件	海拔：6 米　坡向：无　坡度：　度　坡位：平地　土壤名称：水稻土		
生长势	正常株	生长环境	良好
影响生长环境因素	古树周边为非建设用地，土壤的透水、透气性较好，树东侧为围墙。		
现存状态	正常		
树木特殊状况描述	主干 2 米处二分叉，树干无腐烂、蛀洞。		
地上保护现状	围墙、枯枝清理		

朴树
古树编号：32048100074

古树名木每木调查表

古树编号	32048100074	县（市、区）	溧阳市
树种	中文名：朴树　拉丁名：*Celtis sinensis* Pers.		
	科：榆科　属：朴属		
位置	乡镇：昆仑街办　村（居委会）：毛场村		
	小地名：沙涨村尚书墓南侧二株相连内侧		
	纵坐标：E119°　28′　23.97″	横坐标：N31°　28′　45.43″	
树龄	真实树龄：　年	估测树龄：125 年	
古树等级	三级	树高：12 米	胸径：56 厘米
冠幅	平均：11.5 米	东西：12 米	南北：11 米
立地条件	海拔：6 米　坡向：无　坡度：　度　坡位：平地　土壤名称：水稻土		
生长势	正常株	生长环境	良好
影响生长环境因素	古树周边为非建设用地，土壤的透水、透气性较好。		
现存状态	正常		
树木特殊状况描述	主干 2.6 米处三分叉，树干上有小型蛀洞，树冠偏北。		
地上保护现状	围墙、枯枝清理		

朴树
古树编号：32048100075

古树名木每木调查表

古树编号	32048100075	县（市、区）	溧阳市
树 种	中文名：朴树　　拉丁名：*Celtis sinensis* Pers.		
	科：榆科　　属：朴属		
位置	乡镇：昆仑街办　　村（居委会）：毛场村		
	小地名：沙涨村尚书墓南侧二株相连外侧		
	纵坐标：E119°　28′　24.02″　　横坐标：N31°　28′　45.32″		
树龄	真实树龄：　　年	估测树龄：115 年	
古树等级	三级	树高：8.8 米	胸径：41 厘米
冠幅	平均：9 米	东西：9 米	南北：9 米
立地条件	海拔：6 米　坡向：无　坡度：　度　坡位：平地　土壤名称：水稻土		
生长势	正常株	生长环境	良好
影响生长环境因素	古树周边为非建设用地，土壤的透水、透气性较好，树南侧为围墙。		
现存状态	正常		
树木特殊状况描述	主干 1.8 米处三分叉，树干上有小型蛀洞，树冠偏南。		
地上保护现状	围墙、枯枝清理		

朴树
古树编号：32048100076

古树名木每木调查表

古树编号	32048100076	县（市、区）	溧阳市
树 种	中文名：朴树　　拉丁名：*Celtis sinensis* Pers.		
	科：榆科　　属：朴属		
位置	乡镇：昆仑街办　　村（居委会）：毛场村		
	小地名：沙涨村尚书墓围墙外北侧		
	纵坐标：E119°　28′　23.52″	横坐标：N31°　28′　47.33″	
树龄	真实树龄：　　年	估测树龄：105 年	
古树等级	三级	树高：11.5 米	胸径：62 厘米
冠幅	平均：12.5 米	东西：12 米	南北：13 米
立地条件	海拔：6 米　　坡向：无　　坡度：　度　　坡位：平地　　土壤名称：水稻土		
生长势	正常株	生长环境	良好
影响生长环境因素	古树周边为农田，土壤的透水、透气性较好。		
现存状态	正常		
树木特殊状况描述	主干 2 米处二分叉，距糙叶树 3 米。		
地上保护现状	无		

朴树
古树编号：32048100078

古树名木每木调查表

<table>
<tr><td>古树编号</td><td>32048100078</td><td colspan="2">县（市、区）</td><td colspan="2">溧阳市</td></tr>
<tr><td rowspan="2">树 种</td><td colspan="5">中文名：朴树　　拉丁名：Celtis sinensis Pers.</td></tr>
<tr><td colspan="5">科：榆科　　属：朴属</td></tr>
<tr><td rowspan="3">位置</td><td colspan="5">乡镇：天目湖镇　　村（居委会）：杨村村</td></tr>
<tr><td colspan="5">小地名：野猪氽村 79 号前塘边</td></tr>
<tr><td colspan="5">纵坐标：E119° 27′ 37.04″　　横坐标：N31° 13′ 49.89″</td></tr>
<tr><td>树龄</td><td colspan="2">真实树龄：　　年</td><td colspan="3">估测树龄：150 年</td></tr>
<tr><td>古树等级</td><td colspan="2">三级</td><td colspan="2">树高：13.5 米</td><td>胸径：74 厘米</td></tr>
<tr><td>冠幅</td><td colspan="2">平均：15.5 米</td><td colspan="2">东西：15 米</td><td>南北：16 米</td></tr>
<tr><td>立地条件</td><td colspan="5">海拔：62 米　坡向：无　坡度：　度　坡位：平地　土壤名称：黄棕壤</td></tr>
<tr><td>生长势</td><td colspan="2">正常株</td><td>生长环境</td><td colspan="2">良好</td></tr>
<tr><td>影响生长环境因素</td><td colspan="5">古树周边为村镇建设用地，土壤的透水、透气性较好。</td></tr>
<tr><td>现存状态</td><td colspan="5">正常</td></tr>
<tr><td>树木特殊状况描述</td><td colspan="5">树干 2 米处有小侧枝，4 米处二分叉，树干光洁无疤痕，树形较好，上部分枝较多，长势好。</td></tr>
<tr><td>地上保护现状</td><td colspan="5">排水沟</td></tr>
</table>

重阳木
古树编号：32048100081

古树名木每木调查表

古树编号	32048100081	县（市、区）	溧阳市
树 种	中文名：重阳木　　拉丁名：*Bischofia polycarpa (Levl.)* Airy Shaw		
	科：大戟科　　属：重阳木属		
位置	乡镇：溧城街办　　村（居委会）：市区		
	小地名：高静园内		
	纵坐标：E119°　29′　20.48″　　横坐标：N31°　25′　43.10″		
树龄	真实树龄：　年	估测树龄：　120 年	
古树等级	三级	树高：17.2 米	胸径：83 厘米
冠幅	平均：20 米	东西：17 米	南北：23 米
立地条件	海拔：5 米　坡向：无　坡度：　度　坡位：平地　土壤名称：水稻土		
生长势	正常株	生长环境	良好
影响生长环境因素	古树周边为公园绿地，土壤的透水、透气性较好。		
现存状态	正常		
树木特殊状况描述	树干通直，光洁无蛀孔。		
地上保护现状	砌树池		

乌桕
古树编号：32048100082

古树名木每木调查表

古树编号	32048100082	县（市、区）	溧阳市
树 种	中文名：乌桕　拉丁名：*Sapium sebiferum (L.)* Roxb.		
	科：大戟科　属：乌桕属		
位置	乡镇：社渚镇　村（居委会）：梅山村		
	小地名：西汤村西边水塘边		
	纵坐标：E119° 17′ 10.85″		横坐标：N31° 22′ 48.97″
树龄	真实树龄：　年		估测树龄：105 年
古树等级	三级	树高：11.0 米	胸径：60 厘米
冠幅	平均：12.5 米	东西：12 米	南北：13 米
立地条件	海拔：4 米　坡向：无　坡度：　度　坡位：平地　土壤名称：水稻土		
生长势	正常株	生长环境	良好
影响生长环境因素	古树周边为园地，土壤的透水、透气性较好。		
现存状态	正常		
树木特殊状况描述	树干 5 米处分枝，通直光洁无疤痕，树冠偏西南。主干树皮内有虫害。		
地上保护现状	无		

冬青

古树编号：32048100083

古树名木每木调查表

古树编号	32048100083	县（市、区）	溧阳市
树 种	中文名：冬青　拉丁名：*Hex Purpurea* HassR		
	科：冬青科　属：冬青属		
位置	乡镇：别桥镇　村（居委会）：黄金山村		
	小地名：黄金山村村后金山顶最高处		
	纵坐标：E119° 23′ 23.24″		横坐标：N31° 37′ 38.53″
树龄	真实树龄：　年		估测树龄：155 年
古树等级	三级	树高：11.8 米	胸径：54 厘米
冠幅	平均：13 米	东西：13 米	南北：13 米
立地条件	海拔：32 米　坡向：　坡度：　度　坡位：顶部　土壤名称：黄棕壤		
生长势	正常株	生长环境	良好
影响生长环境因素	古树周边为林地，土壤的透水、透气性较好。树北侧因开矿被掏空，对树有影响。		
现存状态	正常		
树木特殊状况描述	树干 3 米处二分叉，通直光洁无疤痕，树冠生长匀称，无病虫害，分叉处有两腐烂孔，孔径 5 厘米，需修补。树东北 1 米处有相邻冬青，距 20 厘米，北侧一株干径 28.5 厘米，另一株干径 32.4 厘米，树向东 3 米处有一干径 34.2 厘米的朴树，树南 10 米处，有干径 28 厘米的冬青，几树长势都较好。		
地上保护现状	枯枝清理		

香橼
古树编号：32048100085

古树名木每木调查表

<table>
<tr><td>古树编号</td><td>32048100085</td><td>县（市、区）</td><td colspan="2">溧阳市</td></tr>
<tr><td rowspan="2">树 种</td><td colspan="4">中文名：香橼　拉丁名：Citrus medica L.</td></tr>
<tr><td colspan="4">科：芸香科　属：柑橘属</td></tr>
<tr><td rowspan="3">位置</td><td colspan="4">乡镇：别桥镇　村（居委会）：镇东村</td></tr>
<tr><td colspan="4">小地名：培阳村 131 号西侧</td></tr>
<tr><td colspan="2">纵坐标：E119° 27′ 56.71″</td><td colspan="2">横坐标：N31° 33′ 30.25″</td></tr>
<tr><td>树龄</td><td colspan="2">真实树龄：　年</td><td colspan="2">估测树龄：125 年</td></tr>
<tr><td>古树等级</td><td>三级</td><td colspan="2">树高：6.5 米</td><td>胸径：38+19 厘米</td></tr>
<tr><td>冠幅</td><td>平均：5 米</td><td colspan="2">东西：6 米</td><td>南北：4 米</td></tr>
<tr><td>立地条件</td><td colspan="4">海拔：5 米　坡向：无　坡度：　度　坡位：平地　土壤名称：水稻土</td></tr>
<tr><td>生长势</td><td>衰弱株</td><td>生长环境</td><td colspan="2">差</td></tr>
<tr><td>影响生长环境因素</td><td colspan="4">古树周边为村镇建设用地，土壤的透水、透气性较差。树身东侧为杂物房，对香橼影响较大。</td></tr>
<tr><td>现存状态</td><td colspan="4">正常</td></tr>
<tr><td>树木特殊状况描述</td><td colspan="4">一大二小两干，均有蛀孔，大的几株根蘖合并生长形成现粗度，后侧树干中空，树干有纵向沟，上部树干有部分死亡腐烂，大小二干有生长相连倾向，挂果较多。</td></tr>
<tr><td>地上保护现状</td><td colspan="4">护栏</td></tr>
</table>

车行
格调

香橼
古树编号：32048100086

古树名木每木调查表

古树编号	32048100086	县（市、区）	溧阳市
树 种	中文名：香橼　　拉丁名：*Citrus medica L.*		
	科：芸香科　　属：柑橘属		
位置	乡镇：龙潭林场　　村（居委会）：龙潭林场		
	小地名：崔芥工区职工住房前（原千华寺）		
	纵坐标：E119° 27′ 51.64″	横坐标：N31° 16′ 15.04″	
树龄	真实树龄：　年	估测树龄：205 年	
古树等级	三级	树高：6.5 米	胸径：丛生枝
冠幅	平均：9 米	东西：9 米	南北：9 米
立地条件	海拔：77 米　坡向：无　坡度：　度　坡位：平地　土壤名称：黄棕壤		
生长势	正常株	生长环境	良好
影响生长环境因素	古树周边为村镇建设用地，土壤的透水、透气性较好。		
现存状态	正常		
树木特殊状况描述	基部六枝丛生，最大直径 17 厘米，树干无腐烂孔，树冠较匀称。		
地上保护现状	枯枝清理		

黄连木
古树编号：32048100087

古树名木每木调查表

古树编号	32048100087	县（市、区）	溧阳市
树种	中文名：黄连木　　拉丁名：*Pistacia chinensis* Bunge		
	科：漆树科　　属：黄连木属		
位置	乡镇：天目湖镇　　村（居委会）：梅岭村		
	小地名：梅岭村35号前（村前路边）		
	纵坐标：E119° 24′ 18.83″　　横坐标：N31° 11′ 10.35″		
树龄	真实树龄：　年	估测树龄：265年	
古树等级	三级	树高：14.2米	胸径：91厘米
冠幅	平均：10.5米	东西：11米	南北：10米
立地条件	海拔：80米　坡向：无　坡度：　度　坡位：平地　土壤名称：黄棕壤		
生长势	正常株	生长环境	良好
影响生长环境因素	古树周边为村镇建设用地，土壤的透水、透气性较好。		
现存状态	正常		
树木特殊状况描述	树干5米处二分叉，分叉下萌生新枝，树干无腐烂孔。		
地上保护现状	树池		

黄连木
古树编号：32048100088

古树名木每木调查表

<table>
<tr><td>古树编号</td><td colspan="2">32048100088</td><td colspan="2">县（市、区）</td><td colspan="2">溧阳市</td></tr>
<tr><td rowspan="2">树 种</td><td colspan="6">中文名：黄连木　　拉丁名：Pistacia chinensis Bunge</td></tr>
<tr><td colspan="6">科：漆树科　　属：黄连木属</td></tr>
<tr><td rowspan="3">位置</td><td colspan="6">乡镇：天目湖镇　　村（居委会）：梅岭村</td></tr>
<tr><td colspan="6">小地名：梅岭村 65 号东侧（村后）</td></tr>
<tr><td colspan="3">纵坐标：E119°　24′　24.70″</td><td colspan="3">横坐标：N31°　11′　8.71″</td></tr>
<tr><td>树龄</td><td colspan="3">真实树龄：　　年</td><td colspan="3">估测树龄：255 年</td></tr>
<tr><td>古树等级</td><td colspan="2">三级</td><td colspan="2">树高：16.7 米</td><td colspan="2">胸径：90 厘米</td></tr>
<tr><td>冠幅</td><td colspan="2">平均：14 米</td><td colspan="2">东西：13 米</td><td colspan="2">南北：15 米</td></tr>
<tr><td>立地条件</td><td colspan="6">海拔：90 米　　坡向：无　　坡度：　度　　坡位：平地　　土壤名称：黄棕壤</td></tr>
<tr><td>生长势</td><td colspan="2">正常株</td><td colspan="2">生长环境</td><td colspan="2">良好</td></tr>
<tr><td>影响生长环境因素</td><td colspan="6">古树周边为村镇建设用地，土壤的透水、透气性较好。</td></tr>
<tr><td>现存状态</td><td colspan="6">正常</td></tr>
<tr><td>树木特殊状况描述</td><td colspan="6">树干 6 米处二分叉，树干通直无腐烂孔。</td></tr>
<tr><td>地上保护现状</td><td colspan="6">树池</td></tr>
</table>

三角枫
古树编号：32048100089

古树名木每木调查表

古树编号	32048100089	县（市、区）	溧阳市
树 种	中文名：三角枫　拉丁名：*Acer buergerianum* Miq.		
	科：槭树科　属：槭属		
位置	乡镇：天目湖镇　村（居委会）：梅岭村		
	小地名：梅岭村 103 号（井塘边）		
	纵坐标：E119°　24′　22.20″		横坐标：N31°　11′　7.56″
树龄	真实树龄：　年		估测树龄：205 年
古树等级	三级	树高：9.7 米	胸径：85+56 厘米
冠幅	平均：19.5 米	东西：15 米	南北：24 米
立地条件	海拔：83 米　坡向：无　坡度：　度　坡位：平地　土壤名称：黄棕壤		
生长势	正常株	生长环境	良好
影响生长环境因素	古树周边为村镇建设用地，水泥场地较多，土壤的透水、透气性一般，周边建筑物较多，对古树有一定影响。		
现存状态	正常		
树木特殊状况描述	根部南边树干围 1.6 米，树干较光滑，3 米处有一直径 5 厘米腐烂孔。树干围 2.4 米、主干 1.5 米处有一 8 字形蛀孔，腐烂至根部，腐烂孔径 25 厘米，2 米处有一分枝，树干整体生长良好。		
地上保护现状	支撑、防腐处理		

枫香
古树编号：32048100090

古树名木每木调查表

古树编号	32048100090	县（市、区）	溧阳市
树 种	中文名：枫香　拉丁名：*Liquidambar formosana* Hance.		
	科：金缕梅科　属：枫香树属		
位置	乡镇：天目湖镇　村（居委会）：三胜村（原新村村）		
	小地名：新村西塘芥村西北田野里		
	纵坐标：E119° 22′ 48.19″　横坐标：N31° 15′ 32.75″		
树龄	真实树龄：85 年	估测树龄：105 年	
古树等级	三级	树高：13.8 米	胸径：60 厘米
冠幅	平均：12 米	东西：12 米	南北：12 米
立地条件	海拔：34 米　坡向：无　坡度：　度　坡位：平地　土壤名称：黄棕壤		
生长势	正常株	生长环境	良好
影响生长环境因素	古树周边为农业用地，土壤的透水、透气性较好。		
现存状态	正常		
树木特殊状况描述	树干 3 米处二分叉。光滑无疤痕，树冠偏西北。		
地上保护现状	无		

枫香
古树编号：32048100091

古树名木每木调查表

古树编号	32048100091	县（市、区）	溧阳市
树 种	中文名：枫香　拉丁名：*Liquidambar formosana* Hance.		
	科：金缕梅科　属：枫香树属		
位置	乡镇：天目湖镇　村（居委会）：桂林村（原中西村）		
	小地名：张仙芥半山腰（新做房后）		
	纵坐标：E119°　23′　26.52″		横坐标：N31°　17′　28.34″
树龄	真实树龄：　年		估测树龄：170 年
古树等级	三级	树高：21.0 米	胸径：76 厘米
冠幅	平均：17 米	东西：18 米	南北：16 米
立地条件	海拔：82 米　坡向：无　坡度：　度　坡位：平地　土壤名称：黄棕壤		
生长势	正常株	生长环境	良好
影响生长环境因素	古树周边为自然林地，土壤的透水、透气性较好。		
现存状态	正常		
树木特殊状况描述	树干通直，光滑无疤痕。		
地上保护现状	无		

桂花
古树编号：32048100092

古树名木每木调查表

古树编号	32048100092	县（市、区）	溧阳市
树 种	中文名：桂花　拉丁名：*Osmanthus fragrans (Thunb.)* Lour.		
	科：木樨科　属：木樨属		
位置	乡镇：昆仑街办　村（居委会）：古渎村（原东溪村）		
	小地名：五荡湾 88 号屋后（原小学内）		
	纵坐标：E119° 26′ 29.09″	横坐标：N31° 29′ 19.48″	
树龄	真实树龄：　年	估测树龄：155 年	
古树等级	三级	树高：6.6 米	胸径：48 厘米
冠幅	平均：8 米	东西：8 米	南北：8 米
立地条件	海拔：3 米　坡向：无　坡度：　度　坡位：平地　土壤名称：水稻土		
生长势	正常株	生长环境	良好
影响生长环境因素	古树周边为村镇建设用地，土壤的透水、透气性较好。树南侧为房，西侧为围墙，对古树有一定影响。		
现存状态	正常		
树木特殊状况描述	树干 50 厘米处二分叉，两侧枝离地 2 米处又二分叉。树干光滑无疤痕，冠幅较完整，偏东南。东南侧枝 2 米处分叉有开裂，依靠在房顶上，需包树箍，并支撑。		
地上保护现状	支撑		

桂花
古树编号：32048100093

古树名木每木调查表

古树编号	32048100093	县（市、区）	溧阳市
树 种	中文名：桂花　拉丁名：*Osmanthus fragrans (Thunb.)* Lour.		
	科：木樨科　属：木樨属		
位置	乡镇：别桥镇　村（居委会）：西马村（原下梅村）		
	小地名：东下梅村 55 号西侧（原粮站东侧）		
	纵坐标：E119° 22′ 10.22″		横坐标：N31° 32′ 26.61″
树龄	真实树龄：　年		估测树龄：205 年
古树等级	三级	树高：6.2 米	胸径：35 厘米
冠幅	平均：4.5 米	东西：4 米	南北：5 米
立地条件	海拔：6 米　坡向：无　坡度：　度　坡位：平地　土壤名称：水稻土		
生长势	衰弱株	生长环境	良好
影响生长环境因素	古树周边为村镇建设用地，土壤的透水、透气性较好。树东北侧为房，对古树有一定影响。		
现存状态	伤残		
树木特殊状况描述	树干从基部到 2 米处木质部已经腐烂，深达髓心，韧皮部剩一半，主干有枯梢，现有枝叶为萌芽枝。		
地上保护现状	杂枝清理		

桂花
古树编号：32048100094

古树名木每木调查表

古树编号	32048100094	县（市、区）	溧阳市
树 种	中文名：桂花　拉丁名：*Osmanthus fragrans (Thunb.)* Lour.		
	科：木樨科　属：木樨属		
位置	乡镇：南渡镇　村（居委会）：堑口村		
	小地名：蔡家村原小学内		
	纵坐标：E119°　16′　17.12″		横坐标：N31°　24′　2.32″
树龄	真实树龄：　年		估测树龄：165 年
古树等级	三级	树高：7.2 米	胸径：48 厘米
冠幅	平均：7 米	东西：7 米	南北：7 米
立地条件	海拔：5 米　坡向：无　坡度：　度　坡位：平地　土壤名称：水稻土		
生长势	衰弱株	生长环境	差
影响生长环境因素	古树周边为村镇建设用地，树基部四周现为水泥地，土壤的透水、透气性差。树南侧为房，对古树有一定影响，必须对水泥地进行透水透气处理。		
现存状态	伤残		
树木特殊状况描述	树干 1.2 米处分叉，西侧枝木质部全腐烂，东侧枝 1.8 米处二分叉，西侧分叉 2 米向上至 4 米有一深 10 厘米、宽 8 厘米的纵向腐烂孔，树干 3 米以上有 5 分枝，向东有一侧枝已枯死。树干整体向东南侧倾斜，斜靠在房顶。		
地上保护现状	防腐处理		

桂花
古树编号：32048100095

古树名木每木调查表

古树编号	32048100095	县（市、区）	溧阳市
树 种	中文名：桂花　　拉丁名：*Osmanthus fragrans (Thunb.)* Lour.		
	科：木樨科　　属：木樨属		
位置	乡镇：上黄镇　　村（居委会）：前化村		
	小地名：前化村湖东特种水产养殖专业合作社内（前化冷库，原村委大院东侧）		
	纵坐标：E119°　31′　58.00″		横坐标：N31°　32′　24.78″
树龄	真实树龄：　　年		估测树龄：　205 年
古树等级	三级	树高：6.6 米	胸径：22+31 厘米
冠幅	平均：5 米	东西：5 米	南北：5 米
立地条件	海拔：5 米　　坡向：无　　坡度：　度　　坡位：平地　　土壤名称：水稻土		
生长势	正常株	生长环境	差
影响生长环境因素	古树周边为村镇建设用地，土壤的透水、透气性一般。树在围墙内，又砌一砖池，对古树有一定影响。		
现存状态	正常		
树木特殊状况描述	树干 0.7 米处二分叉，东侧分叉径 28.4 厘米，西侧分叉 21.6 厘米，东侧分叉又二分叉（径 17.8 厘米 +24.7 厘米）。顶部枯枝明显。		
地上保护现状	围墙		

银杏
古树编号：32048100097

古树名木每木调查表

古树编号	32048100097	县（市、区）	溧阳市
树种	中文名：银杏　拉丁名：*Ginkgo biloba*		
	科：银杏科　属：银杏属		
位置	乡镇：南渡镇　村（居委会）：石街村		
	小地名：村委后老年活动室内		
	纵坐标：E119° 21′ 37.36″	横坐标：N31° 25′ 37.77″	
树龄	真实树龄：　年	估测树龄：115 年	
古树等级	三级	树高：15.2 米	胸径：73 厘米
冠幅	平均：14.5 米	东西：15 米	南北：14 米
立地条件	海拔：11 米　坡向：无　坡度：　度　坡位：平地　土壤名称：水稻土		
生长势	正常株	生长环境	差
影响生长环境因素	古树周边为村镇建设用地，树基部四周有一 2 米 ×4 米的树池，其余为水泥地，土壤的透水、透气性较差。建筑与古树间距较近，对古树生长影响较大。1960 年左右老树被锯后重新萌发，老树有 3 人抱粗，原为柏枝庙庙基。		
现存状态	正常		
树木特殊状况描述	母株，树干 4 米处向上多分枝，树干光洁无疤痕。		
地上保护现状	砌树池		

石楠
古树编号：32048100098

古树名木每木调查表

古树编号	32048100098	县（市、区）	溧阳市
树 种	中文名：石楠　拉丁名：*Photinia serrulata* Lindl		
	科：蔷薇科　属：石楠属		
位置	乡镇：社渚镇　村（居委会）：宋村村		
	小地名：窑头村 14 号房屋前		
	纵坐标：E119°　18′　29.95″　横坐标：N31°　17′　48.59″		
树龄	真实树龄：　年	估测树龄：105 年	
古树等级	三级	树高：7.5 米	胸径：35 厘米（地径）
冠幅	平均：6.5 米	东西：6 米	南北：7 米
立地条件	海拔：35 米　坡向：无　坡度：　度　坡位：　土壤名称：水稻土		
生长势	濒危株	生长环境	良好
影响生长环境因素	古树位于坟地，土壤的透水、透气性较好。民国四年（墓碑 /1915 年）栽。		
现存状态	伤残		
树木特殊状况描述	主干高 2.5 米，四分枝，基部有一 15 厘米蛀孔至底部，树干 70 厘米处有一长 20 厘米、宽 5 厘米蛀孔，木质部全腐烂。		
地上保护现状	支撑		

豆梨
古树编号：32048100099

古树名木每木调查表

古树编号	32048100099	县（市、区）	溧阳市
树种	中文名：豆梨　拉丁名：*Pyrus calleryana* Decne		
	科：蔷薇科属：梨属		
位置	乡镇：埭头镇　村（居委会）：后六村		
	小地名：施家塘村赵村河边		
	纵坐标：E119° 31′ 17.1″	横坐标：N31° 27′ 46.4″	
树龄	真实树龄：　年	估测树龄：155 年	
古树等级	三级	树高：10.6 米	胸径：45+ 厘米
冠幅	平均：13 米	东西：14 米	南北：12 米
立地条件	海拔：10 米　坡向：无　坡度：　度　坡位：平地　土壤名称：水稻土		
生长势	正常株	生长环境	良好
影响生长环境因素	周边为河堤，土壤的透水、透气性较好。古树生长在赵村河边坟地上。		
现存状态	正常		
树木特殊状况描述	开白花，果比黄豆小。主干20世纪40年代被锯，基部五分叉，1分叉直径37厘米，2分叉直径16厘米，3分叉直径38厘米，4分叉直径19厘米，5分叉直径43厘米。基部有树洞，树干无蛀孔。		
地上保护现状	无		

杏
古树编号：32048100100

古树名木每木调查表

古树编号	32048100100	县（市、区）	溧阳市
树种	中文名：杏　拉丁名：*Armeniaca vulgaris* Lam.		
	科：蔷薇科　属：杏属		
位置	乡镇：戴埠镇　村（居委会）：李家园村		
	小地名：御水温泉内水吧平台南侧（距古榉树 10 米）		
	纵坐标：E119°　31′　36.5″	横坐标：N31°　10′　58.6″	
树龄	真实树龄：　年	估测树龄：205 年	
古树等级	三级	树高：13.6 米	胸径：59 厘米
冠幅	平均：14.5 米	东西：14.3 米	南北：14.6 米
立地条件	海拔：131 米　坡向：无　坡度：　度　坡位：平地　土壤名称：黄棕壤		
生长势	正常株	生长环境	良好
影响生长环境因素	古树周边为商业服务设施用地，树周为防腐木铺装，在洞溪西侧，土壤的透水、透气性较好。		
现存状态	正常		
树木特殊状况描述	主干光洁，2 米处五分叉，树身布满青苔，无明显枯枝。果黄色，乒乓球大小，长势好。		
地上保护现状	花池		

桃源去问津

皂荚
古树编号：32048100101

古树名木每木调查表

古树编号	32048100101	县（市、区）	溧阳市
树种	中文名：皂荚　拉丁名：*Gleditsia sinensis* Lam.		
	科：豆科　属：皂荚属		
位置	乡镇：上黄镇　村（居委会）：浒西村		
	小地名：马家村41号房屋后		
	纵坐标：E119°　33′　29.8″　横坐标：N31°　31′　13.3″		
树龄	真实树龄：　年	估测树龄：　105年	
古树等级	三级	树高：11.8米	胸径：90厘米
冠幅	平均：14.5米	东西：16米	南北：13米
立地条件	海拔：8米　坡向：无　坡度：　度　坡位：平地　土壤名称：水稻土		
生长势	正常株	生长环境	差
影响生长环境因素	古树周边为村镇建设用地，且全部为水泥场地，土壤的透水、透气性差，对古树有一定影响。新建水泥路和水泥驳岸，必须进行透气透水处理。		
现存状态	正常		
树木特殊状况描述	树干1.8米处二分叉，东侧分叉80厘米处又二分叉，树干光洁无蛀孔，每年5月份开花。		
地上保护现状	无		

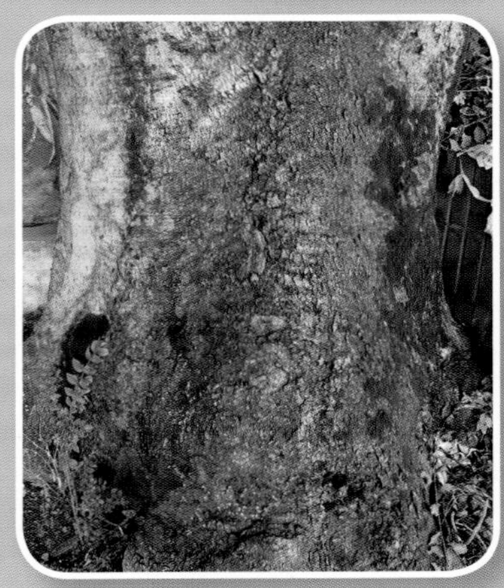

马氏先祖之墓

刺楸

古树编号：32048100102

古树名木每木调查表

古树编号	32048100102	县（市、区）	溧阳市
树种	中文名：刺楸　拉丁名：*Kalopanax septemlobus (Thunb.)*Koidz		
	科：五加科　属：刺楸属		
位置	乡镇：上兴镇　村（居委会）：祠堂村		
	小地名：芳山村普陀寺（方山寺）院内		
	纵坐标：E119°　9′　12.84″		横坐标：N31°　29′　27.07″
树龄	真实树龄：　年		估测树龄：255 年
古树等级	三级	树高：11.2 米	胸径：73 厘米
冠幅	平均：13.5 米	东西：14 米	南北：13 米
立地条件	海拔：78 米　坡向：无　坡度：　度　坡位：平地　土壤名称：黄棕壤		
生长势	濒危株	生长环境	良好
影响生长环境因素	古树生长在土地庙西侧，土壤的透水、透气性较好。		
现存状态	伤残		
树木特殊状况描述	树干二分枝，主干东侧有一凹陷，树干基部树皮有一裂缝，有一树洞。		
地上保护现状	无		

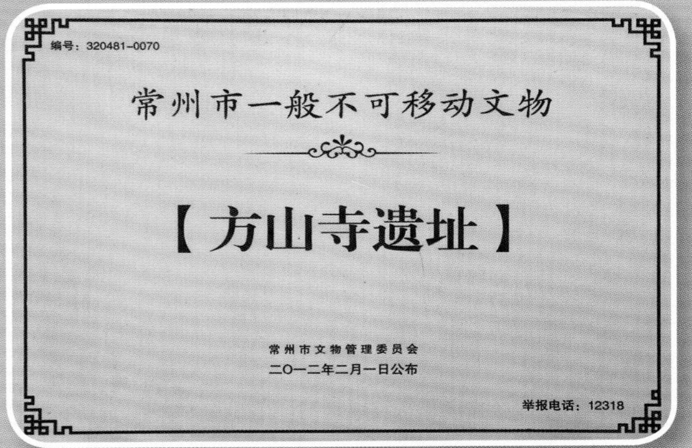

麻栎
古树编号：32048100104

古树名木每木调查表

<table>
<tr><td>古树编号</td><td>32048100104</td><td colspan="2">县（市、区）</td><td>溧阳市</td></tr>
<tr><td rowspan="2">树 种</td><td colspan="4">中文名：麻栎　　拉丁名：Quercus acutissima Carruth.</td></tr>
<tr><td colspan="4">科：壳斗科　　属：栎属</td></tr>
<tr><td rowspan="3">位置</td><td colspan="4">乡镇：社渚镇　　村（居委会）：宋村村</td></tr>
<tr><td colspan="4">小地名：窑头村 46 号前路边</td></tr>
<tr><td colspan="2">纵坐标：E119°　18′　24.29″</td><td colspan="2">横坐标：N31°　17′　55.32″</td></tr>
<tr><td>树龄</td><td colspan="2">真实树龄：　　年</td><td colspan="2">估测树龄：205 年</td></tr>
<tr><td>古树等级</td><td>三级</td><td colspan="2">树高：20.5 米</td><td>胸径：72+58 厘米</td></tr>
<tr><td>冠幅</td><td>平均：21.5 米</td><td colspan="2">东西：21 米</td><td>南北：22 米</td></tr>
<tr><td>立地条件</td><td colspan="4">海拔：30 米　坡向：无　坡度：　度　　坡位：　　土壤名称：水稻土</td></tr>
<tr><td>生长势</td><td>正常株</td><td colspan="2">生长环境</td><td>良好</td></tr>
<tr><td>影响生长环境因素</td><td colspan="4">古树位于坟地，周边有杂树，土壤的透水、透气性较好。</td></tr>
<tr><td>现存状态</td><td colspan="4">正常</td></tr>
<tr><td>树木特殊状况描述</td><td colspan="4">原主干被锯，现基部二分叉，树干光洁无疤痕。</td></tr>
<tr><td>地上保护现状</td><td colspan="4">无</td></tr>
</table>

榉树
古树编号：32048100105

古树名木每木调查表

古树编号	32048100105	县（市、区）	溧阳市
树种	中文名：榉树　拉丁名：*Zelkova serrata (Thunb.)*Makino		
	科：榆科　属：榉属		
位置	乡镇：天目湖镇　村（居委会）：桂林村		
	小地名：王家边村19号侧		
	纵坐标：E119° 24′ 18.65″	横坐标：N31° 17′ 4.36″	
树龄	真实树龄：　年	估测树龄：105年	
古树等级	三级	树高：17.5米	胸径：61厘米
冠幅	平均：12.9米	东西：14.1米	南北：11.7米
立地条件	海拔：42米　坡向：无　坡度：　度　坡位：平地　土壤名称：黄棕壤		
生长势	正常株	生长环境	良好
影响生长环境因素	古树周边为村镇建设用地，土壤的透水、透气性较好。		
现存状态	正常		
树木特殊状况描述	主干光洁，4米处二分叉，南侧分叉距地面6米处又二分叉。主干南侧有两疤痕，长40厘米、宽20厘米。		
地上保护现状	无		

糙叶树
古树编号：32048100106

古树名木每木调查表

古树编号	32048100106	县（市、区）	溧阳市
树种	中文名：糙叶树　拉丁名：*Aphananthe aspera (Thunb.)* Planch.		
	科：榆科　属：糙叶树属		
位置	乡镇：龙潭林场　村（居委会）：龙潭林场		
	小地名：场圃后至六十亩顶砂石路半山腰路边		
	纵坐标 :E119° 29′ 3.5″	横坐标：N31° 16′ 17.4″	
树龄	真实树龄：　年	估测树龄：125 年	
古树等级	三级	树高：22.5 米	胸径：78 厘米
冠幅	平均：18 米	东西：18 米	南北：17.5 米
立地条件	海拔：166 米　坡向：南　坡度：36 度　坡位：中　土壤名称：黄棕壤		
生长势	正常株	生长环境	良好
影响生长环境因素	古树周边为林地，土壤的透水、透气性好。		
现存状态	正常		
树木特殊状况描述	树干通直，6 米处分叉，主干基部有 2 个直径 10 厘米的分叉，无蛀孔。		
地上保护现状	无		

糙叶树
古树编号：32048100107

古树名木每木调查表

古树编号	32048100107	县（市、区）	溧阳市		
树种	中文名：糙叶树　拉丁名：*Aphananthe aspera (Thunb.)* Planch.				
	科：榆科　属：糙叶树属				
位置	乡镇：龙潭林场　村（居委会）：龙潭林场				
	小地名：场圃后至六十亩顶砂石路半山腰路边向东 200 米半山腰				
	纵坐标 :E119° 29′ 5.9″	横坐标：N31° 16′ 16.7″			
树龄	真实树龄：　年	估测树龄：125 年			
古树等级	三级	树高：22 米	胸径：76 厘米		
冠幅	平均：15.5 米	东西：15 米	南北：16 米		
立地条件	海拔：179 米	坡向：南	坡度：25 度	坡位：中	土壤名称：黄棕壤
生长势	正常株	生长环境	良好		
影响生长环境因素	古树周边为林地，土壤的透水、透气性好。				
现存状态	正常				
树木特殊状况描述	树干通直，8 米处分叉，主干扁平，无蛀孔。				
地上保护现状	无				

朴树
古树编号：32048100108

古树名木每木调查表

古树编号	32048100108	县（市、区）	溧阳市
树 种	中文名：朴树　拉丁名：*Celtis sinensis* Pers.		
	科：榆科　属：朴属		
位置	乡镇：戴埠镇　村（居委会）：横涧村		
	小地名：淡竹岕村路侧		
	纵坐标：E119° 30′ 0.47″	横坐标：N31° 12′ 31.8″	
树龄	真实树龄：　年	估测树龄：105 年	
古树等级	三级	树高：21.5 米	胸径：100 厘米
冠幅	平均：20 米	东西：21 米	南北：19 米
立地条件	海拔：72 米　坡向：无　坡度：　度　坡位：平地　土壤名称：黄棕壤		
生长势	正常株	生长环境	良好
影响生长环境因素	古树周边为村镇建设用地，树东侧为水泥路，西侧为塘，土壤的透水、透气性较好。		
现存状态	正常		
树木特殊状况描述	主干粗壮，5 米处三分叉，树干通直，光洁无疤痕。		
地上保护现状	无		

朴树
古树编号：32048100109

古树名木每木调查表

<table>
<tr><td>古树编号</td><td>32048100109</td><td colspan="2">县（市、区）</td><td>溧阳市</td></tr>
<tr><td rowspan="2">树 种</td><td colspan="4">中文名：朴树　拉丁名：Celtis sinensis Pers.</td></tr>
<tr><td colspan="4">科：榆科　属：朴属</td></tr>
<tr><td rowspan="3">位置</td><td colspan="4">乡镇：竹箦镇　村（居委会）：前村村</td></tr>
<tr><td colspan="4">小地名：韦家村后路边</td></tr>
<tr><td colspan="2">纵坐标：E119°　21′　7″</td><td colspan="2">横坐标：N31°　33′　19.3″</td></tr>
<tr><td>树龄</td><td colspan="2">真实树龄：　年</td><td colspan="2">估测树龄：120 年</td></tr>
<tr><td>古树等级</td><td>三级</td><td colspan="2">树高：13.5 米</td><td>胸径：73 厘米</td></tr>
<tr><td>冠幅</td><td>平均：16 米</td><td colspan="2">东西：17 米</td><td>南北：15 米</td></tr>
<tr><td>立地条件</td><td colspan="4">海拔：3 米　坡向：无　坡度：　度　坡位：平地　土壤名称：水稻土</td></tr>
<tr><td>生长势</td><td>正常株</td><td>生长环境</td><td colspan="2">良好</td></tr>
<tr><td>影响生长环境因素</td><td colspan="4">古树周边为村镇建设用地，土壤的透水、透气性较好。</td></tr>
<tr><td>现存状态</td><td colspan="4">正常</td></tr>
<tr><td>树木特殊状况描述</td><td colspan="4">主干直，无蛀孔，4 米处 1 大 2 小三分叉，东侧分叉直径 20 厘米已断，西侧分叉直径 20 厘米，中侧枝为主干延伸，树形美，长势好。</td></tr>
<tr><td>地上保护现状</td><td colspan="4"></td></tr>
</table>

乌桕
古树编号：32048100110

古树名木每木调查表

古树编号	32048100110	县（市、区）	溧阳市
树种	中文名：乌桕　拉丁名：*Sapium sebiferum (L.)* Roxb.		
	科：大戟科　属：乌桕属		
位置	乡镇：天目湖镇　村（居委会）：三胜村		
	小地名：小平桥村16号前路边		
	纵坐标：E119° 23′ 8.6″	横坐标：N31° 15′ 23.70″	
树龄	真实树龄：　年	估测树龄：105年	
古树等级	三级	树高：16米	胸径：70厘米
冠幅	平均：12.6米	东西：11.9米	南北：13.3米
立地条件	海拔：27米　坡向：无　坡度：　度　坡位：	土壤名称：黄棕壤	
生长势	正常株	生长环境	良好
影响生长环境因素	古树周边为村镇建设用地，土壤的透水、透气性一般。		
现存状态	正常		
树木特殊状况描述	树干3米处二分叉，树干光洁无疤痕。		
地上保护现状	无		

让

乌桕

古树编号：32048100111

古树名木每木调查表

古树编号	32048100111	县（市、区）	溧阳市
树种	中文名：乌桕　拉丁名：*Sapium sebiferum (L.)* Roxb.		
	科：大戟科　属：乌桕属		
位置	乡镇：社渚镇　村（居委会）：宋村村		
	小地名：窑头村46号前路边外侧		
	纵坐标：E119° 18′ 24.02″　横坐标：N31° 17′ 55.29″		
树龄	真实树龄：　年	估测树龄：155年	
古树等级	三级	树高：17.5米	胸径：65厘米
冠幅	平均：12米	东西：12米	南北：12米
立地条件	海拔：30米　坡向：无　坡度：　度　坡位：　土壤名称：水稻土		
生长势	正常株	生长环境	良好
影响生长环境因素	古树位于坟地，周边有杂树，土壤的透水、透气性较好。		
现存状态	正常		
树木特殊状况描述	树干3米处二分叉，树干光洁无疤痕。		
地上保护现状	无		

冬青
古树编号：32048100112

古树名木每木调查表

古树编号	32048100112	县（市、区）	溧阳市
树种	中文名：冬青　拉丁名：*Ilex Purpurea* HassR		
	科：冬青科　属：冬青属		
位置	乡镇：天目湖镇　村（居委会）：杨村村		
	小地名：后前村26号路边（天目湖国家湿地公园门前）		
	纵坐标：E119° 25′ 49.94″　横坐标：N31° 14′ 24.88″		
树龄	真实树龄：　年	估测树龄：155年	
古树等级	三级	树高：11.6米	胸径：57厘米
冠幅	平均：11.6米	东西：12.5米	南北：10.7米
立地条件	海拔：28米　坡向：无　坡度：　度　坡位：平地　土壤名称：黄棕壤		
生长势	正常株	生长环境	良好
影响生长环境因素	古树周边为坟地，土壤的透水、透气性较好。		
现存状态	正常		
树木特殊状况描述	树干光洁，3米处三分叉，其中两个分叉较小，一个较大。主干2.5米处有一破损。无病虫害。		
地上保护现状	无		

枸骨
古树编号：32048100113

古树名木每木调查表

古树编号	32048100113	县（市、区）	溧阳市
树种	中文名：枸骨　拉丁名：*Ilexcornuta*Lindl.etPaxt.		
	科：冬青科　属：冬青属		
位置	乡镇：天目湖镇　村（居委会）：三胜村		
	小地名：小芥西村37号前		
	纵坐标：E119° 24′ 6.24″		横坐标：N31° 16′ 47.54″
树龄	真实树龄：　年		估测树龄：105年
古树等级	三级	树高：6.5米	胸径：48厘米
冠幅	平均：10.7米	东西：10.4米	南北：11米
立地条件	海拔：40米　坡向：无　坡度：　度　坡位：		土壤名称：黄棕壤
生长势	正常株	生长环境	良好
影响生长环境因素	古树周边为村镇建设用地，土壤的透水、透气性较好。		
现存状态	正常		
树木特殊状况描述	地径48厘米、50厘米处二分叉，1分叉1.3米径29.8厘米，2分叉1.3米径30厘米，树干光洁无疤痕。		
地上保护现状			

三角枫
古树编号：32048100114

古树名木每木调查表

古树编号	32048100114	县（市、区）	溧阳市
树种	中文名：三角枫　拉丁名：*Acer buergerianum* Miq.		
	科：槭树科　属：槭属		
位置	乡镇：戴埠镇　村（居委会）：横涧村		
	小地名：管家桥边		
	纵坐标：E119° 30′ 0.22″　横坐标：N31° 12′ 56.61″		
树龄	真实树龄：　年	估测树龄：115 年	
古树等级	三级	树高：12.5 米	胸径：51 厘米
冠幅	平均：14.5 米	东西：15 米	南北：14 米
立地条件	海拔：49 米　坡向：无　坡度：　度　坡位：平地　土壤名称：黄棕壤		
生长势	正常株	生长环境	良好
影响生长环境因素	古树西侧为河道，土壤的透水、透气性好。		
现存状态	正常		
树木特殊状况描述	树干光滑，4 米处有一分叉，5 米处有二分叉，树干整体生长良好。		
地上保护现状	无		

紫薇
古树编号：32048100115

古树名木每木调查表

古树编号	32048100115		县（市、区）		溧阳市
树 种	中文名：紫薇　　拉丁名：*Lagerstroemia indica*				
	科：千屈菜科　　属：紫薇属				
位置	乡镇：社渚镇　　村（居委会）：宋村村				
	小地名：窑头村村西塘边				
	纵坐标：E119°　18′　22.34″			横坐标：N31°　17′　50.23″	
树龄	真实树龄：　　年		估测树龄：125 年		
古树等级	三级		树高：5.2 米		胸径："丛生"
冠幅	平均：6 米		东西：6 米		南北：6 米
立地条件	海拔：31 米　　坡向：无　　坡度：　度　　坡位：　　　土壤名称：水稻土				
生长势	正常株		生长环境		良好
影响生长环境因素	古树位于塘边，土壤的透水、透气性较好。原古树主干倒塌后，村民集资对此树进行扶正，并对河床进行驳岸。				
现存状态	正常				
树木特殊状况描述	众生，基部 11 分枝，中心枝 18.2 厘米，第二分枝 16.1 厘米，第三分枝 14.6 厘米，中心枝离地 50 厘米处有一长 50 厘米、宽 5 厘米伤疤。				
地上保护现状	驳岸